Study on the Economic and Technical Policies on the Intensive Utilization of **Water Resources**

中国社会科学院创新工程学术出版资助项目

水资源集约利用的经济技术政策研究

于法稳　张海鹏　李　伟／著

社会科学文献出版社
SOCIAL SCIENCES ACADEMIC PRESS (CHINA)

前　言

中国是水资源短缺的国家之一，人均水资源量只有世界人均水资源占有量的1/4。随着工业化、城镇化进程的进一步推进，工业用水、城镇生活用水将进一步增加，在一定程度上将会挤占农业用水、生态环境用水，加剧产业用水之间的竞争。同时，水资源短缺与水资源利用的低效率、水资源污染交织在一起，将使经济社会发展与水资源之间的矛盾更加突出。因此，水资源问题已经成为维系经济社会可持续发展的战略问题。

本书是国家社科基金项目“鼓励自然资源集约利用的经济技术政策研究——以水资源为例”（项目批准号：05BJY039）的研究成果。全书共分为九章。第一章为序论，主要介绍进行该项目研究的背景、研究的目的与意义、国内外研究现状、研究的主要内容及方法、研究的创新点及不足。第二章对中国水资源禀赋概况、空间分布特征以及水资源的水质特征进行了分析。第三章分析了中国水资源利用结构及效率，主要包括水资源利用量及其变化、水资源利用结构及其变化、水资源利用效率及其变化。第四章分析了中国农田水利设施建设情况，阐述了节水农业发展中所采取的主要技术，剖析了其中存在的问题，并对农民采用节水灌溉技术的意愿进行了实证研究。第五章在对脱钩理论概念模型进行细化的基础上，分析了经济发展水平与水资源利用之间的关系、第一产业发展水平与水资源利用之间的关系、第二产业发展水平与水资源利用之间的关系以及粮食生产与灌溉用水之间的关系。第六章在对黄河流域概况进行简述的基础上，对不同尺度上水资源的状况进行了分析，并对水资源与其他资源的匹配状况、水资源对农业生产的影响进行了分析。第七章采用虚拟水概念，对中国粮食国际贸易带来的水资源要素流动量及其变化进行了分析，并探讨了水资源要素流动对区域水资源可持续利用状态的影响。第八章分析了水资源集约利用的主要技术经济措施，包括水价制度、水权与水市场制度以及水资源的社区管理机制及演变。第九章在分析水资源集约利用中存在的问题的基础上，从国家战略、经济措施、管理手段、投入机制、技术保障、社会参与等方面提出了鼓励水资源集约利用的经济技术政策。

由于作者水平有限，书中难免存在认识不足和错误的地方，敬请读者批评指正。

作　者

2013 年 4 月

目 录

CONTENTS

第一章　序论

第一节　研究背景

水资源是人类赖以生存和发展的基础，更是经济社会可持续发展的重要生态资源保障。众所周知，中国人均水资源占有量只有世界平均水平的1/4。特别是1995年，美国学者 Lester R. Brown 在《谁来养活中国》一书中指出，中国水资源短缺将影响世界的粮食安全，自此引起了全球对中国粮食安全问题的关注。因此，如何实现水资源的集约利用成为社会各界广泛关注的焦点问题之一。

随着社会经济的发展，水资源短缺将是中国长期面临的严峻问题。水利部南京水文水资源研究所的研究结果表明，2010~2015年中国缺水量为100亿~318亿立方米。中国工程院重大咨询项目“中国可持续发展水资源战略研究”预测，到2030年，中国缺水量为130亿立方米，2050年基本实现平衡。目前，中国600多个城市中，有400多个面临水危机，其中严重缺水的城市有108个，每年因缺水而损失的工业产值达2000亿元。

在水资源短缺的同时，水资源与其他生态资源特别是耕地资源在空间上也不匹配。中国北方耕地多，水资源匮乏。长江流域以北广大地区，耕地占全国的64.8%，水资源仅占全国的19.5%。特别是黄淮海平原地区，耕地占全国的39.1%，是全国重要的粮食产区，但水资源仅占全国的7.7%。相反，南方耕地少，水资源相对丰富。长江流域及其以南地区，耕地占全国的35.2%，但拥有全国水资源总量的80.4%。

从经济发展与资源利用的关系角度来说，中国经济粗放型增长方式尚未发生根本转变，经济的快速增长在很大程度上依靠大量消耗生态资源来实现，单位国内生产总值的水资源消耗远远高于世界平均水平，而且浪费大、污染重、水资源利用效率低。因此，这种经济增长方式不仅使水资源约束更加突出，环境压力加大，也制约了经济增长质量和效益的进一步提高。

目前，中国正处于一个十分重要的发展阶段，工业化、城镇化进程进一步加快，工业用水、城镇生活用水将进一步加大，如不转变用水观念和创新发展模式，水资源供需矛盾将会更加突出，从而对区域生态环境用水造成一定的影响。对中国社会经济而言，目前正处于一个黄金发展时期；而对水资源等生态资源而言，则是一个资源环境矛盾突出、瓶颈约束加剧的时期。如果不提高水资源集约利用的水平，改变水资源利用的方式，将会严重制约经济社会的可持续发展。因此，水资源问题不仅仅是资源利用问题，而且是维系经济社会可持续发展的战略问题。

实现水资源的集约利用，加快建设资源节约型、环境友好型社会，是缓解水资源瓶颈制约，实现国民经济持续、快速、协调、健康发展的有效途径；也是转变经济增长方式，实现全面建设小康社会目标，促进人与自然和谐发展的必然要求。

正是在这个背景下，我们选择以“水资源集约利用的经济技术政策研究”为题进行研究，以期通过探讨实现水资源集约利用的相关对策措施，实现水资源的可持续利用。

第二节　研究目的与意义

一　研究目的

随着水资源稀缺性的日益加强，经济社会的发展不可能再依赖水资源的大量投入，必须从加强水资源的集约利用程度、提高水资源利用效率入手，寻找水资源可持续利用的模式与途径。鉴于此，本书通过对水资源及其利用的产业特征、空间特征等相关问题进行研究，旨在提出实现水资源集约利用的经济技术政策措施，为国家及相关部门制定水资源可持续利用的相关政策提供科学依据。

二　研究意义

面对中国水资源不足、用水浪费、水污染严重，资源型缺水、工程型缺水和水质型缺水并存的状况，本项目设想对水资源利用问题进行一个系统的比较研究，在分析中国水资源状况及其空间分布特征的基础上，研究中国水资源利用效率的产业特征及空间特征，并利用脱钩理论分析中国经济发展与水资源、粮食生产与灌溉用水之间的脱钩关系；通过构建水资源压力指数，引入虚拟水理念，分析粮食国际贸易对区域水资源可持续利用状态的影响。本书通过剖析水资源集约利用的主要经济技术措施及其存在的问题，提出鼓励水资源集约利用的经济技术政策性建议。引入新的理论、方法及理念研究水资源问题，既是本书的创新，也是本书的理论意义所在。

本书的现实意义在于：通过剖析水资源集约利用中存在的问题，提出解决这些问题的经济技术措施以及相应的政策性建议，为中央和地方各级领导科学决策提供参考。

第三节　国内外研究现状

一　国外研究现状

很多研究结果表明，伴随着水资源短缺、水环境污染等水资源危机的出现，某些国家从20世纪60年代就提出了相应的水资源管理措施，特别是近年来，水资源短缺日益严重，世界各国通过实施一系列的变革，建立了适应可持续发展要求的现代水资源体系，以适应本国的水资源状况。这突出表现在实现了供给管理向需求管理的转变，强调水资源统一管理的地位和作用。1992年6月，联合国召开的世界环境与发展大会提出了应该由国家组织实施的水资源管理的具体措施，通过需求管理、价格机制等调控手段实现水资源的合理配置以及加强水资源管理理念的传播和教育等16项具体措施。《联合国环境项目·水资源管理》中指出："水资源危机的一个主要问题是水资源管理问题。"为了解决水资源危机问题，联合国与各成员国政府共同对地区水资源管理活动进行了相关研究，并为水资源管理提供了指导和必要的技术支持。

D. Pearce（1987）指出，可持续发展新模式强调资源有效管理的重要性，这些资源包括劳动力、资本设备和自然资源。目前对这些资源基础的过度使用会导致未来资源的短缺，而说服发展中国家的政治家和规划者认识到资源管理的重要性可能是一项艰巨的任务。N. W. Arnell（2004）对气候变化与全球水资源等相关问题进行了研究，评估了气候变化和人口增长对未来全球和区域水资源压力的影响。敏感性分析表明，在一个特定环境下，人口总数变化10%，由此带来的对水资源的压力的增加或减少15%～20%。这些变化对实际水压力的影响将取决于未来水资源如何管理。

（一）有关水土资源利用方面的研究

D. G. Day（1987）以水土资源为例，对澳大利亚自然资源政策进行了介绍，提出了国家/英联邦在土地退化、体制安排的分散责任以及现行土地利用总体规划问题的政治含义，但在环境问题及其解决途径方面还缺乏广泛共识。H. Wheater 等（2009）认为，土地利用和土地管理的变化影响确定洪水灾害、水资源以及污染物稀释的水文状况。因此，土地和水资源管理之间有着千丝万缕的联系，而且与区域气候一起构成了一个非常复杂的系统。制定实现水资源可持续利用的公共政策的前提是正确理解这一系统中所涉及的各种关系。最近几年，在全世界范围内，生态系统产品和服务已成为政策制定者考虑的主要问题，这些商品和服务是公认的人类福祉。作为这些服务之一的水资源供给，其不容置疑的价值及其供给稀缺对全球的威胁与气候变化一样，正在引发越来越多的关注。然而，决定土地利用/水之间相互作用的生物物理基础却往往被忽视。因此，要制定正确的决策，有必要扩展决定这些复杂关系的实验基础。E. Garmendia（2009）分析了提供水资源对各种土地覆盖类型的影响效应。E. E. Maeda 等（2011）对肯尼亚东部山区因农业扩展以及气候变化引起的灌溉用水需求的潜在变化进行了研究，结果表明，在未来 20 年中，山上耕地可获得性越来越低，导致农业向需要更多灌溉水的山底扩展。如果目前这种发展趋势持续下去，到 2030 年，研究区域约 60% 为农业区域。这种扩展使灌溉水量年均增长约 40%。

（二）有关水资源利用与效率以及产业发展方面的研究

J. L. Hu 等（2006）将水、劳动力、资本作为投入要素，采取 DEA 分析方法对中国区域全要素水资源效率进行了分析，结果发现，全要素水资源效率与区域人均实际收入之间存在着 U 形关系，中部地区水资源效率最低，而其调整的水资源用量却占全国总用水量的

3/4。因此，中部地区必须通过提高生产效率，引进先进技术以提高水资源效率，进而实现水资源的有效利用。K. Alsharif（2008）采取DEA分析方法对巴勒斯坦领土（西岸和加沙地带）供水系统管理效率进行了分析，结果表明，加沙地带的供水系统管理效率测评得分明显低于西岸，其主要原因在于水的损失，而直辖市的相对规模对效率得分的影响很小。巴勒斯坦政策制定者应着重于重建供水管网等基础设施，而且从DEA最无效的直辖市开始，将水损失减少到最低。

农业灌溉是水资源利用的主要方面，同时也是造成水污染的重要原因。很多农业灌溉区的实践表明，现代灌溉技术是解决水资源短缺和环境污染问题的途径之一。A. Dina（1991）以灌溉水为例，对资源保护、污染减少的技术选择进行了经济学分析，结果表明，现代灌溉技术服务可以大大降低产品质量及天气差异对收益的影响，技术选择对产品种类（作物）特别敏感，污染税可以增加保护水源、采用现代技术、结构调整的可能性。同时，农业生产所产生的非点源水污染对美国和欧盟而言都是一个重大的环境问题。美国采取了被称为“最佳管理实践”的策略，通过各种措施减少水污染。T. J. Centner等（1999）的研究结果表明，“最佳管理模式”可以减少农业面源污染，但对生产者而言，减少污染成本较高。因此，减少污染可能会需要政府采取不同的干预措施。在污水的利用方面，利用现有的技术进行废水处理，可以生成任何品质的再生水，而再生水的使用将取决于再生水可重复利用的机会和生成再生水所需的基础设施的成本。Petros Gikas（2009）认为，采用卫星和分散式污水管理系统具有显著的优势，包括与废水产生的来源和潜在的水重复利用距离比较近。

尽管全球对水资源危机日益关注，但正确评估和预测全球水的可获得性、利用和平衡方面的能力还相当有限。S. P. Simonovic（2002）利用系统动力学方法对全球水资源管理构建模型，认为水资源的数量和质量与五个推动工业发展的因素紧密相关，即人口、农业、经济、不可再生资源和持久性的污染。模拟结果表明，世界水资源和未来世界工业增长之间有一个非常紧密的联系，水污染将是未来全球范围内最重要的水问题。

在 20 世纪，由于农业的集约化发展和水管理的不善，在全球范围内造成了湿地的严重退化。I. Zacharias 等（2003）采用较为先进的技术，如地理信息系统技术和遥感技术等来量化现有的水资源，并提出在制定可持续管理方案时既要考虑人类用水，也要考虑到环境保护。A. Stern（2003）分析了美国地理调查的 21 个水资源区域的库容及用水情况，结果表明，水库库容的发展与灌溉用水需求之间的关系一直最密切。但灌溉需水量的弹性比较大，而其他用水的弹性要小得多。灌溉用水价格与总的用水结构，特别是城市用水价格与结构之间具有正相关关系。水供应相对恒定，但不断上升的水需求促使水价上调，相对于城市需求而言，灌溉有可能承受价格的压力，释放已有的存储容量用作其他用途。水管理者在制定水资源战略时应考虑这种可能性，以满足未来其他产业的用水需求。B. Lankford（2007）的研究表明，在牧场发现的非均衡思想可以有效地应用于非洲灌溉和河流流域管理，作者提出了在非均衡思想基础上的水资源可持续利用框架，并给出了一些有关规范管理非洲水资源短缺的概念性解决方案。

J. Allouche（2011）对水资源和粮食安全之间的关系进行了研究。结果表明，其一，水资源短缺作为区域冲突的一个驱动因素在区域和国家层面还没有一个明确的结论；其二，水资源和粮食的不安全性，可以通过政治权力、社会和性别关系来解释；其三，全球贸易可以实现国家的粮食和水安全，但目前受到粮食价格上涨、粮食主权运动和土地“掠夺”的威胁；其四，水和粮食安全在气候变化的条件下将面临重大挑战。

（三）有关水资源经济技术管理方面的研究

欧盟第 2000/60/EC 号指令，也称为“水政策领域的框架指令”，强调水在人类发展进程中的重要性，并指出欧盟成员国应围绕水资源的可持续利用来协调水资源政策。因此，水对当代和子孙后代具有战略性作用，需要采取系统方法进行管理。可持续水资源管理政策必须预见用于分析和评价的复杂系统的设置，必须能够控制和管理整个水系统，而且要考虑可持续性以及所采取的政策对经济的影响。

M. W. Rosegrant（1994）认为，建立可交易的水权对提高发展中国家水资源利用效率、水资源配置的公平性及可持续性的作用巨大。明确水权可以确保用水户现有的水权，并节约交易成本，促使他们充分考虑用水的机会成本。水权交易市场建立的制度要求、潜力及可行性，应该得到更多的研究人员和决策者的关注。D. A. Giannias 等（1997）认为，在地表淡水资源日益短缺的区域，水资源的可持续利用意味着需要一些政策措施来帮助国内外每个人获得充足的供水。他们提出了一种简单的经济生态模型，用于检查输入输出控制、社会投入价格、双边水贸易、面向所有用水户的水市场、一个固定为跨境河流水分配的水政策。所有这些政策既能满足经济共同利益最大化的条件，同时也满足维护河流生态系统功能完整性的需要。从理论上讲，这些政策可以平等地使用。但是有一些与策略管理相关的隐藏成本也必须明确考虑。实践表明，双边水贸易是可行的、有效的和可持续的跨境水资源分配的政策。

J. Zarnikau（1994）认为短期边际成本或现货市场中定价原则可以应用于水资源定价，并提出了制定更加经济有效的水资源战略的相关指导性模型，以便在干旱或者水短缺时更合理地利用水资源。F. Fiorilloa 等（2007）构建了一个模型，一方面可以描述不同经济活动和自然水循环之间存在的物理关系，另一方面也可以评价水政策的可持续性对经济的影响。为此，将物质流账户方法与国家核算计划（NAMEA）整合在一起。这一框架，使分析家既考虑到既定政策对水循环的影响，也考虑到可持续性问题对经济系统产生的约束。

G. M. Lange 等（2007）采用水核算对国际河流（Orange River Basin）管理中的经济学问题进行了分析，认为河流沿岸国家面临自身水资源短缺时，将会越来越依赖于共享的国际河流水资源。这些国家已经采取了经济学方法原则进行水资源管理，在流域人口水需求得到满足的情况下，所有国家都建立了国家水资源账户，以协助水资源管理。根据水账户以及每个国家的经济数据来计算不同行业或国家的水生产率。不同国家在水生产率方面具有显著的差异，因此在未来制定相关决策时，应考虑有关水资源分配、定价和基础设施发展方面的问题。

澳大利亚在水资源核算方面做得相对较好。2004 年，澳大利亚国家与 8 个州和地区政府之间达成了一个政府间协议：国家水计划（NWI）。该协议的目的是提出环境、经济和社会对水资源当前和未来状况的关注，特别是呼吁编制年度用水账户。M. Vardona（2007）系统介绍了澳大利亚统计局（ABS）出台的水核算体系的相关信息，以及提供和使用与水有关的数据所涉及的许多其他组织。

（四）有关虚拟水及虚拟水贸易方面的研究

商品生产过程中所用的水被称为嵌入在商品中的“虚拟水”，商品的国际贸易带来了虚拟水在国家之间的流动。J. A. Allan（2003）的研究表明，中东地区仅 2000 年就进口了 5000 吨粮食，每年通过实物贸易进口的虚拟水量，就相当于其所有淡水资源量的 25% 左右，为国内节省了大量水资源，对中东地区的水安全与粮食安全做出了巨大贡献，作者甚至认为虚拟水贸易避免了争夺水资源的战争。T. Oki 等（2003）对日本的实证研究结果表明，日本每年虚拟水净进口总量高达 627 亿立方米，多于其每年用于灌溉的水资源量，是世界上最大的虚拟水进口国之一，而本国稀缺的水资源则用于生产更高价值的工业产品。A. Y. Hoekstra（2005）的计算结果表明，全球与作物有关的国与国之间的国际虚拟水流动量在 1995 ~ 1999 年平均每年为

695×10^9立方米。世界作物生产用水总量估计在5400×10^9立方米/年，这意味着，世界上13%用于作物生产的水并没有用于国内消费，而是用于出口，这还是一个保守的估计。虚拟水净出口国排名前五位的分别是美国、加拿大、泰国、阿根廷和印度。净进口国排名前五位的是日本、荷兰、朝鲜、中国和印度尼西亚。D. B. Guan（2007）认为，日益增长的国内外贸易活动导致了大量取水和水污染等问题，对中国区域贸易及虚拟水流动的评估结果表明，中国目前的贸易结构对水资源分配十分不利。水资源短缺的华北地区虚拟水流出量约占其可利用淡水量的5%，同时接受其他地区消费产生的大量废水。相反，华南地区水资源丰富，从其他区域进口虚拟水的同时，产生的废水对其他区域水生态系统造成了污染。

水足迹（WF）是通过计算商品和服务生产过程中消耗的水资源量来衡量国家、企业或个人所消耗的总水量，为复杂的水关系研究提供了思路，并为政策执行者、企业家、监管者和管理人员提供了大量的信息，以便他们明确对日益稀缺资源的依赖性和责任。A. K. Chapagain（2009）的研究结果显示，欧盟每年消耗957000吨来自西班牙的新鲜西红柿，相当于西班牙每年蒸发掉71×10^6立方米的水分，消耗掉7×10^6立方米水来稀释具有可溶性的硝酸盐。在西班牙，单纯生产番茄每年需蒸发水分297×10^6立方米，同时要污染淡水29×10^6立方米。这要取决于不同区域的农业气候特点、水资源状况、西红柿生产总量以及生产系统，欧盟的新鲜西红柿的消费对西班牙淡水的影响具有特定的区域性。

（五）有关水权转让方面的研究

H. J. Vaux等（1984）通过对美国加州农业水权向工业和城市水权转让的分析，认为如果每年有13.41×10^8立方米的水资源实现转让，就会带来30亿美元的经济收益；Nir（1995）分析以色列农业水权在不同区域间进行转让的潜在可能性时，计算的水权转让潜在收益达 280 万美元；R. H. Robert 等（1995）在智利选择了 4 个流域建立定量模型计算其水权转让的实际收益，其中利马里流域（the Limari Valley）平均每立方米的水权交易能够产生 2140 美元的净收益。通过一项对智利 Elpul 和 Limari 两个流域水权交易案例的研究发现，在 Elpul 与 Limari 流域，水权交易取得了可观的经济效益，买卖双方都获得了收益，如果再将买方与卖方的收益比较一下，买方尤其是购买水权用于经济作物生产的农民以及用于日常用水的用水户从交易中所得到的收益要高于卖方，Limari 流域的葡萄种植大户以及 Elpui 流域的购买用于日常消费的用水户得到了最高的收益；在 Elpui 流域，每份水权交易的净收益按当时水权交易价格计算在 1000 美元范围之内，在 Limari 流域，从每份 Cogoti 水库水权交易中获得的收益是当时交易价格 3000 美元的 3.4 倍，可见交易收益很大。

二　国内研究现状

（一）有关水资源利用存在的问题及战略方面的研究

我国人均水资源量仅为世界人均水资源量的 1/4，而且时空分布不均。但在水资源开发利用过程中，还存在一些问题。钱正英（2001）认为，中国水土资源已得到相当开发，而水土资源利用方面存在的根本问题是水利发展模式属于粗放型，部分地区水土资源过度开发，制约了可持续发展。钱正英提出以水资源的可持续发展支持中国社会经济的可持续发展的战略，该战略的实施需要从防洪减灾、农业用水、城市用水与工业用水及防污减灾、生态环境与水资源、水资源供需平衡、南水北调、西北地区水资源等八个方面入手进行战略性的转变，笔者还提出改革水资源管理体制、投资机制和水价政策，是解决中国水资源问题的根本出路。毛显强等（2002）认为，中国水资源在短缺的同时，水资源的低效利用和浪费以及污染问题进一步加剧了水资源的供需矛盾。实现水资源的可持续利用，就必须更多地使用符合市场经济要求的价格机制、市场模式和管理体制。高明等（2006）认为，中国水资源短缺与浪费并存的一个重要原因就是水价不合理，从而难以形成对水资源集约利用的激励，因此，需要在水权、水价结构、水价核算和水价管理等方面加以完善，形成水资源集约利用的激励机制。冯宝平等（2006）根据Logistic方程，将水资源复合系统发展过程分为起步期、成长期、成熟期和衰退期四个阶段。在Logistic曲线的成长期和成熟期，水资源利用水平发展速度较快，复合系统各要素协调发展，是水资源的可持续利用阶段。在区域水资源复合系统中，对于制约区域水资源复合系统结构和功能的长时段因子较难改变，人类只能通过调整区域文化传统、价值观念等中时段因子和改变区域经济、技术结构和水资源利用方式等短时段因子，来实现区域水资源的可持续利用。谭融等（2006）分析了中国农村水资源利用的现状，发现农村普遍存在水资源短缺和水资源浪费的双重问题，工农业水资源供求矛盾突出。王瑗等（2008）对中国水资源现状进行了分析，指出随着社会的进步和经济的发展，中国的水资源紧张问题将变得日益严重，开发利用不平衡、各地区水资源开发利用程度差异大、地下水开采过量、用水浪费严重、水资源利用效率较低等矛盾凸显，笔者从转变观念、改善生态环境、提高生产技术、加强管理水平和基础设施建设、发展污水处理技术、提高水资源循环利用率及跨流域调水等方面提出了相应的解决对策。

西北地区作为水资源短缺严重的区域之一，其水资源的可持续利用自然成为学者研究的重点。刘昌明（2000）对中国西部大开发中发现的有关水资源的若干问题进行了研究，并提出了相应的解决途径。钱正英（2004）、陈志恺（2004）分别从战略角度、水资源角度对西北地区水资源配置、水资源在生态环境建设与可持续发展中的地位进行了研究，提出了实现水资源可持续利用的战略措施。李曦（2003）对西北地区农业水资源可持续利用的对策进行了研究，提出了农业用水价格、水资源管理体制等方面的措施。李周等（2003，

2004）对化解西北地区水资源短缺问题进行了研究，他们认为，西北地区存在着水资源短缺的问题，但不存在严重浪费水资源的现象，最近 20 年水需求的满足主要依靠水资源利用效率的提高，近期内不需要从“大西线”调水。同时他们还认为，政府宏观调控和市场机制有不同的作用层面。

（二）有关经济发展与水资源利用关系方面的研究

水资源是人类社会发展不可或缺的基础物质资料之一，关系到经济社会发展的各个领域，是人类的生存之本。同时，水资源是经济社会发展的战略资源和经济资源，对经济社会发展起到重要作用。水资源与经济发展之间的关系主要表现在产业用水方面，这自然也成为研究水资源问题的一个重要方面。

在经济发展与水资源利用关系研究方面，不同学者研究的角度不同。魏后凯（2005）从国家层面对水资源与经济活动的分布之间的关系进行了研究。他认为，中国的水资源分布与经济活动具有明显的不协调性，从而导致了各地区水资源对其经济发展的支撑和保障程度具有很大的差异。要从根本上提高中国区域经济发展的水资源保障程度，缓解缺水地区水资源短缺的状况，应该采取多方面的综合政策措施，而不能单纯依靠跨流域调水。陈素景等（2007）在省级层面上对经济发展水平与水资源利用进行了研究，结果表明，经济发达地区的万元产值和人均水耗都较低，而经济落后省区的万元产值和人均水耗均较高。随着经济的发展以及节水措施的实施，中国各省区水资源利用效率呈幂指数衰减。刘玉龙等（2008）在流域层面上通过建立计量模型对流域上下游城市经济增长与水资源利用压力指标之间的关系进行了研究。中国流域上下游各城市间的经济发展不平衡，水资源利用压力也相差较大。位于流域上游地区的城市经济发展相对滞后，水资源利用压力较小；位于流域中下游地区的城市经济繁荣，但水资源利用压力过大，从而导致城市所属流域的水资源利用压力也较大。

流域生态补偿机制可降低水资源利用压力，有利于整个流域的可持续发展，是城市水资源利用压力较大的情况下的有效政策选择之一。路宁等（2010）根据2004年中国52个城市的截面数据，建立计量模型对中国城市经济与水资源利用压力之间的关系进行了研究，结果表明，中国城市水资源利用压力指标与人均GDP之间存在EKC倒“U”形曲线的基本特征，其转折点位于人均GDP约为13333美元的临界处；中国水资源利用压力的增加主要来自城市发展对水资源、水环境的需求；发展中城市具有明显的“后发优势”，可以通过利用技术、采取措施管理等方式尽可能地降低水资源利用压力。

贾绍凤等（2004）在产业层面对工业用水与经济发展的关系进行研究时发现，许多发达国家工业用水存在一个转折点，工业用水量下降的人均GDP阈值在3700～17000美元，相应的第二产业占GDP的比重为30%～50%，工业用水减少的直接原因是用水效率的提高，而用水效率提高的原因在于部门用水效率的提高和经济结构的调整。工业用水效率提高的主要驱动力在于产业升级的内在压力，工业用水库茨涅兹曲线表明工业用水量不会一直持续增长。当GDP和经济结构向一个更好的水平发展时，工业用水将会下降。刘晓霞（2011）在研究用水结构与产业结构的变动关系时发现，第一产业和第三产业用水量与产值之间存在长期均衡关系，用水量对第三产业产值的影响远大于第一产业，第二产业用水量与产值之间不存在长期均衡关系。张文国等（2002）以官厅水库流域张家口地区为例，从更小的尺度对区域经济发展模式与水资源可持续利用的相关问题进行了研究，结果表明，区域经济发展要实现从现状模式向可持续模式转变需要较长时间的过渡，也需要政策法规的支持；而且，他认为流域上下游之间的矛盾和冲突是流域管理中永恒的命题。孙才志等（2011）对影响产业用水变化的驱动因素进行了分析，指出经济水平、产业结构、用水强度及人口规模四个因素都会对产业用水量造成一定的影响。其研究结果表明：1997～2007 年经济水平的提高和人口规模对产业用水量增长的平均贡献率分别为 1056.96% 和 12.83%，而产业结构效应和用水强度效应的平均贡献率分别为 -117.64% 和 -852.16%。经济发展水平和用水技术水平是导致中国产业用水量变动的决定性因素。因此，中国产业用水的“零增长”与“负增长”的目标需要在国民经济的不断发展中实现，水资源短缺的问题也将在经济水平提高的过程中得以解决。

刘晓霞（2011）在研究用水结构与产业结构的变动关系时发现，第一产业和第三产业用水量与产值之间存在长期均衡关系，用水量对第三产业产值的影响远大于第一产业，第二产业用水量与产值之间不存在长期均衡关系。潘丹等（2012）通过构建水资源与农业经济增长的面板 VAR 模型，利用 1998～2009 年中国省级面板数据，检验与分析了水资源与农业经济增长的内在依存和因果关系。研究结果表明：第一，东部、中部和西部地区水资源和农业经济增长之间存在长期协整关系；第二，无论在短期内，还是在长期内，东部、中部和西部地区的水资源均是推动农业经济增长的重要因素，并且随着时间的推移，水资源对农业经济增长的影响逐步加强；第三，农业经济增长对水资源的影响存在明显的区域差异，中部地区所受影响最大，东部次之，西部相对较小。

（三）有关农业资源配置及农业用水方面的研究

石玉林等（1997）在论述开展农业资源高效利用研究的必要性的基础上，结合国内外农业资源高效利用的研究现状，提出了中国以提高资源利用效率为核心的农业资源高效利用问题，并建议围绕中国农业资源态势分析、优化配置与合理布局、中国农业资源综合生产能力和人口承载能力、不同类型区农业资源高效利用的优化模式与技术体系的集成、农业资源高效利用中的新技术应用前景和技术政策、农业资源高效利用的监测与管理技术六个领域深入开展中国的农业资源高效利用研究。封志明等（1998）对农业资源高效利用研究中的若干问题进行了分析，提出了农业资源高效利用优化模式研究应是一个以提高资源综合利用效率为目标，围绕资源利用效率高低，择优淘劣的模式优选与设计的过程。农业资源高效利用的技术体系集成，就是要把农业主要生产性资源的利用技术进行优化组合，用系统工程的方法配套组装出一整套可工程化实施的农业资源高效利用的技术体系集成方案。刘爱民等（1998）在对农业资源利用模式间的转换进行研究时发现，农业资源利用模式处于不断演替过程中，其演替具有明显的层次性；在演替过程中，物化资源投入水平不断增加，农业资源利用效率不断提高；与农业资源利用模式相适应的农业资源利用技术体系也具有多样性和层次性。方创琳（2001）对区域可持续发展与水资源优化配置以及相关问题进行了研究，并以柴达木盆地为例，设计了水资源优化配置的总体思路，对水资源优化配置的多目标进行了竞争辨识，采用以投入产出模型、AHP法等定性为主的决策方法和以系统动力学模型、生产函数模型等定量为主的决策方法生成水资源优化配置基准方案，进而采用多目标决策方案优选的密切值模型求出了柴达木盆地宏观经济发展与水资源优化配置的最佳方案。罗其友等（2001）对中国农业水土资源高效持续配置战略进行了研究，提出了专业化与多元化相结合、开源与节约相结合、资源开发与保护相结合、国内资源与国际资源相结合“四个结合”以及生产体系、布局体系、技术体系、管理体系、保护体系、消费体系“六大体系”的农业水土资源持续配置战略。姚华荣等（2004）在研究区域水土资源的空间优化配置问题时提出，水土资源配置合理与否，不仅关系到社会经济的发展，而且影响着生态环境恢复与重建的进程，笔者在已有研究的基础上，总结提炼出区域水土资源优化配置具体步骤与方法，并以张北县为例做了进一步的说明。

水资源是农业生产的最基本的生态资源要素之一，为此农业水资源利用问题一直是学术界研究的重要问题。沈振荣等（1996）论述了中国农业用水对农业发展的重要意义，分析了中国农业用水的现状及面临的问题，提出了加强农业水资源高效利用集成技术研究和示范推广、提高降水量的直接有效利用率等措施。于法稳（2000）对水资源与农业可持续发展的相关问题进行了研究，并提出了实现农业水资源可持续利用的相关途径与措施。张俊飚（2000）对西北地区水资源利用与农业的可持续发展的相关问题进行了研究，提出了通过加强管理、科学用水、系统规划等措施实现水资源的集约利用，确保对农业可持续发展提供有效支持和充分保障的政策措施建议。

孔祥斌等（2004）以河北省曲周县为例研究了集约化农区土地利用变化对水资源的影响，结果表明，曲周县土地利用集约化程度不断提高，表现为土地的复种指数、化肥投入和灌溉率不断提高，而且灌溉保障率的提高对作物播种面积单产的贡献率最大。作物播种面积单产提高对水资源表现出高度依赖性，从而导致了对水资源的过度开采，使区域水资源失衡。韩洪云等（2004）认为，中国灌溉农业发展中普遍存在农业水资源利用效率低、水资源短缺与浪费并存的现象，水资源产权模糊、水价偏低、水工程设施产权模糊、分散的水行政管理以及农民用水过程中自主管理组织的缺乏是中国灌溉农业水资源利用效率低下的成因。陈爱侠等（2005）对陕西省水资源利用与农业可持续发展的相关问题进行了研究，提出了实现水资源有效支持和充分保障农业可持续发展的政策建议。刘愿英等（2007）分析了中国灌区农业水资源实现可持续利用存在的水资源短缺与水资源浪费共存，现行体制和政策难以促进有效的节水机制形成，灌溉工程老化、设施薄弱、水资源不合理利用导致生态环境恶化，以及节水农业发展中存在的节水技术不普及、注重单项技术、缺乏深入的节水技术综合集成、农业节水投资力度不足等问题，并提出了大力发展节水农业、建立节水灌溉经济激励机制、建立用水户参与管理决策的民主管理机制以及建立科学的水价体系等政策性建议。姜东晖等（2007）从理论和实践两个层面对灌溉技术对农用水资源需求量的影响进行了研究，结果表明，终端用水户的冷漠是节水灌溉技术推广应用的重大障碍。为此，笔者提出，应从节水技术的应用领域、节水灌溉技术的选择和经济激励政策等多方面采取措施，加快节水灌溉技术的推广应用，以期实现农用水资源需求管理的节水目标。

于法稳（2008）利用脱钩理论，选择粮食产量之和占全国总产量90%以上的19个省（市、区），对中国粮食生产与灌溉用水的脱钩关系进行研究。结果表明，贵州省实现了粮食生产与灌溉用水之间的绝对脱钩，内蒙古、黑龙江、浙江等8个省（区）的粮食生产与灌溉用水之间呈现一种准相对脱钩的关系。河北、辽宁、吉林等10个省的粮食生产与灌溉用水之间仍然呈现一种耦合关系，而且有的呈现出较强的耦合关系。刘渝等（2010）认为水资源生态安全和粮食安全的共同实现是农业可持续发展所追求的目标，通过构建水资源生态安全和粮食安全评价指标体系，对1997~2006年中国水资源生态安全和粮食安全PSR（压力、状态及响应指标体系）的动态变化进行了分析，结果表明：中国粮食安全呈现稳定上升趋势，水资源生态安全呈下降趋势。水资源生态安全中压力（P）与状态（S）指标存在耦合性，响应（R）指标呈现大幅增长，但干预效果不显著，需进一步加大资金投入力度并改变相应政策。

（四）有关水资源与其他资源匹配方面的研究

水资源、耕地资源等农业生产要素能否永续利用是关系到农业生产能否实现可持续发展的重要问题，因此，水资源、耕地资源等农业生产要素的研究不但成为我国决策者、研究人员关注的热点问题之一，也为国际社会所关注。

刘昌明等（1998）的研究表明，我国北方片耕地面积占全国耕地总面积的3/5，而水资源总量仅占全国的1/5；相反，南方片耕地面积占全国的2/5，而水资源量却占全国的4/5。水资源、耕地资源在空间上的不匹配性，直接影响到我国的农业生产水平。为此，很多学者对区域水土资源的匹配问题进行了分析，以寻找合理开发水资源、耕地资源的有效途径。刘彦随等（2002）通过分析我国水土资源态势及其对可持续食物安全的影响，指出水土资源总量短缺及其空间上的不匹配状况将直接影响着中国可持续食物安全。娄成后（1999）认为，通过提高农业水土资源的时空利用率，可以保障21世纪我国粮食的自给。

姚华荣（2004）给出了区域水土资源空间优化配置具体步骤和方法。罗其友等（2001）对农业水土资源高效持续配置的战略进行了分析，提出了构建农业资源高效持续配置的六大体系，即生产体系、布局体系、技术体系、管理体系、保护体系、消费体系。张军连等（2004）认为，我国西部水土资源利用的根本问题不是资源匮乏，而是土地资源和水资源利用结构不合理、时空分布不均和利用效率低等原因造成的匹配不当，并提出了实现西部水土资源合理匹配的主要模式和政策措施。雷海章（2002）则认为，要实现我国西部农业水土资源的永续利用，需要从提高农业水土资源的质量、利用率和利用效率等方面入手。

一些学者对水土资源匹配状况的分析方法进行了研究，Sawaya等（2003）、Carter等（2005）对水土资源优化管理与决策进行了研究；Xu等（2005）以GIS与模型方法为基础对水土资源的动态变化进行了研究；刘彦随等（2005）通过特定区域农业生产可供水资源与耕地资源在时空上适宜匹配的量比关系，构建了农业水土资源匹配分析模型，并以东北地区农业水土资源的匹配程度为例进行了分析。张吉辉等（2012）对我国水资源分布、配置与经济发展要素匹配关系的时间演变规律进行了研究。结果表明：我国水资源分布与人口、GDP的匹配关系处于波动均衡状态，而与土地面积之间处于极不匹配状态；水资源配置与GDP、人口、土地面积分别表现为比较匹配、不匹配和极不匹配关系，且不匹配程度有缓慢加剧的趋势。

基尼系数是用来综合考察居民内部收入分配差异状况的一个重要分析指标，由意大利经济学家于1922年提出。其经济含义是：在全部居民收入中，用于进行不平均分配的那部分收入占总收入的百分比。其在刻画状态分布不均等方面的优良性质已有不少学者进行了论证（Sen，1997；Cowell，1995）。吴宇哲等（2003）将基尼系数引进资源匹配研究领域，通过构建区域基尼系数对区域水土资源匹配程度进行了分析，并将我国水土资源匹配程度与亚洲、世界水土资源匹配程度进行了比较。由此可以看出，正是由于基尼系数可以刻画状态分布不均这个特性才被引入水域资源匹配研究领域的。于法稳（2008）利用基尼系数对甘肃省水资源、耕地资源与农业劳动力资源的匹配状况进行了研究，结果发现三种农业生产要素彼此之间的匹配程度趋向越来越不匹配的方向。张晓涛等（2012）采取区域基尼系数方法，对黄河流域地级行政区层面上经济发展与水资源利用、水资源与耕地资源、水资源与农业劳动力资源彼此之间的匹配状况进行了分析。结果表明：农业、工业用水与GDP匹配的基尼系数分别是0.3542和0.3443，经济发展水平与水资源利用量之间的匹配状况较为合理，也就是说，农业、工业生产过程中耗用水资源的同时也贡献了相同比例的GDP，但尚未实现经济发展与水资源利用之间的脱钩，同时说明，黄河流域水资源利用效率还具有进一步提高的潜力；水资源与耕地资源匹配的区域基尼系数为0.8031，与农业劳动力资源匹配的区域基尼系数为0.7772，属于“高度不匹配”状况，因此需要根据区域水资源状况调整农业种植业结构，同时改变以往的供水管理，实现需水管理；耕地资源与农业劳动力资源匹配的区域基尼系数为0.2982，处于相对匹配状态，说明今后随着农业生产机械化程度、生产效率的提高，农业劳动力将逐步减少，因此有利于农村劳动力的转移。

通过对上面有关研究的分析可以看出，这些研究针对的是农业生产的最重要的两个生产要素，即水资源和土地资源之间的匹配，而没有将农业劳动力资源考虑进去。基于这个考虑，本部分通过构建区域基尼系数，对黄河流域地级行政区水资源、耕地资源以及农业劳动力资源等农业生产要素彼此之间的匹配程度进行分析。

（五）有关水资源评价方面的研究

水资源评价是对某一地区或流域水资源的数量、质量、时空分布特征、开发利用条件、开发利用现状和供需发展趋势做出的分析估价。它是合理开发利用和保护管理水资源的基础工作，也为水利规划提供依据。除此之外，水资源评价还包括水资源利用效率、水资源承载能力等重要内容。

水资源安全状况的评价是水资源评价中考虑较多的一个方面，也是应该首先考虑的一个方面。刘毅等（2005）通过构建评价水资源可持续利用的指标体系，从水资源现状、水资源利用效率、水资源可持续利用压力和水资源可持续利用能力四个方面对水资源可持续利用状况进行综合评价，结果表明，中国水资源可持续利用水平的区域差异非常明显，从高到低基本上呈现从东南沿海向西北内陆逐步递减的趋势。中国水资源禀赋和水资源利用效率存在一定的反向关系，丰水区水资源利用效率比较低，缺水区水资源利用效率比较高。高媛媛等（2012）采用改进的层次分析法及基于因子分析的聚类分析法，对泉州市各县（区、市）2008 年水资源安全状况进行了评价与分析。结果表明：水资源处于安全状况的地区为德化县、永春县、安溪县；基本安全的地区为南安市、洛江区及泉港区；处于不安全状况的地区为鲤城区、丰泽区、惠安县；处于严重不安全状况的地区为晋江市和石狮市。

水资源安全状况以及发展趋势如何，取决于区域社会经济发展方式以及产业用水结构。翟远征等（2011）在分析改革开放 30 年来北京市总用水量、农业、工业、生活和环境用水量及用水结构演变规律的基础上，进一步揭示了总用水量和用水结构演变的驱动因子。南水北调水进京后在未来一定时期内将明显减轻北京市的供水压力。曹琦等（2012）利用“驱动力－压力－状态－影响－响应”概念框架（DPSIR），从系统动力学的角度出发，构建了流域水资源安全评价DPSIR框架，并以黑河流域中游张掖市甘州区为例，建立了资源系统变化的驱动因素、压力、影响以及人类活动的数学模型，定量分析水资源系统人口－经济－水资源之间的相互作用和反馈机制。结果表明，人口增长，社会经济发展，工、农业用水量的增长是引起城市水资源系统压力的主要因素；工业污水、生活污水是造成水资源系统恶化的主要因素。

区域水资源承载能力的大小，在一定程度上决定了社会经济发展可持续性的大小。因此，对区域水资源能力承载能力的评价自然是水资源评价的一个重要方面。刘佳骏等（2011）认为，水资源已成为制约中国社会经济可持续发展的重要因素，并从系统论的角度出发研究中国经济与水资源之间的协调发展关系，建立了水资源承载力综合评价模型。结果表明，中国水资源与人口分布和经济布局不相匹配，西南省区水资源承载潜力相对较大，长江流域及东部沿海地区已无水资源承载力优势，华北平原、西北地区水资源承载能力逐渐枯竭。水资源承载能力的大小与产业的发展密切相关，而影响产业用水强度的因素很多，其中技术是一个非常重要的因素。孙才志等（2011）对影响产业用水变化的驱动因素进行了分析，指出经济水平、产业结构、用水强度及人口规模四个因素都会对产业用水量造成一定的影响。其研究结果表明：1997～2007年经济水平的提高和人口规模对产业用水量增长的平均贡献率分别为1056.96%和12.83%，而产业结构效应和用水强度效应的平均贡献率分别为－117.64%和－852.16%。经济发展水平和用水技术水平是导致中国产业用水量变动的决定性因素。因此，中国产业用水的“零增长”与“负增长”

的目标需要在国民经济的不断发展中实现，水资源短缺的问题也将在经济水平提高的过程中得以解决。陈东景（2012）运用对数平均D氏指数方法建立了因素分解模型，定量分析了2003～2009年我国工农业水资源使用强度变动的区域因素贡献并进行比较。结果表明，技术进步是影响全国工农业水资源使用强度下降的最主要因素，产业结构调整和优化对全国工农业水资源使用强度下降也起着非常重要的作用，而区域经济规模变化所起的作用较弱；东、中、西部省份在技术进步效应、产业结构效应和区域结构效应等方面存在明显差异；农业内部的节水总效应显著大于工业内部的节水总效应；农业内部的产业结构效应最大，工业内部的技术进步效应最大。

近年来，生态足迹概念应用的范围越来越广泛。水资源利用的生态压力方面的评价也引入了水足迹概念，并开展了一些区域性的实证研究。戚瑞等（2011）根据水足迹理论构建了区域水足迹结构模型，提出了区域水资源的利用现状和可持续性评价的方法，并以大连市为例对其水资源利用情况进行了评价。王文国等（2012）根据水资源生态足迹的基本原理和计算模型，对四川省2001～2009年水资源生态足迹、生态承载力进行了分析。结果表明，四川省人均水资源生态足迹总体上呈上升趋势，万元GDP生态足迹呈下降趋势，水资源利用率在逐步提高；四川省历年水资源生态承载力均大于生态足迹，存在一定的生态盈余，水资源可持续开发利用情况较好。虞祎等（2012）基于水足迹的基本理论和方法，测算了2003～2009年全国农区主要省（区）的畜牧业水资源承载力。同时构建了畜牧业水资源可持续利用指标，分析了农区主要省（区）畜牧业持续发展的潜力。刘梅等（2012）以河北省为例，计算了1995～2008年该省11个行政区的水足迹及其相关指数（水资源匮乏度、水资源依赖度、水资源自给率及水足迹强度），分析了水足迹和水足迹强度时间序列。结果表明，水足迹呈现增长趋势，而水足迹强度总体呈现下降趋势；各行政区在水资源消费类型、水资源利用效率、水资源匮乏程度、对当地水资源依赖度和水足迹外部化程度等方面存在差异。潘文俊等（2012）运用以虚拟水为基础的水足迹理论对福建省九龙江流域进行了水足迹计算，并应用水资源利用评价指标体系对水足迹计算结果进行了评价。结果表明，九龙江流域水资源状况较为理想，但也面临巨大的压力和风险，因此需要加强水资源的科学管理，实现未来的可持续利用。

水资源利用效率是水资源集约利用的重要方面，也是直接影响区域水资源利用的压力。国内很多学者对此进行了研究。李世祥等（2008）、孙爱军等（2010）在对中国水资源利用效率的区域差异研究时发现，由于区域自然条件、社会经济状况、水资源利用方式等的不同，中国水资源利用效率表现出了明显的区域差异特征。中部地区、西部地区的水资源利用效率收敛趋势明显，而东部地区不存在收敛趋势；经济发达的东部地区水资源利用效率较高，经济欠发达的中部地区、西部地区水资源利用效率较低。在分析导致中国水资源利用效率存在区域差异的因素时，李世祥等（2008）认为最重要的因素是地区经济发展水平的差异，而孙爱军等（2010）则认为，除地区经济发展水平的差异外，科技水平的差异也是一个重要因素。中国未来可能实现的节水潜力在于省际水资源利用效率的差异。邓红兵等（2010）采取生产函数方法对中国水资源利用效率进行了分析，结果表明，中国各省（市、区）以边际水资源利用价值为表征的水资源使用效率都有所提高，北方等缺水地区无论是从空间还是从时间段来看，水资源利用效率及其改进幅度都明显高于南方地区。

朱启荣（2007）通过对中国各地区的工业用水效率及其影响因素与节水潜力关系的实证研究发现，中国一些工业用水效率较低的地区消费了较多的水资源，在一定程度上降低了中国工业水资源的配置效率。同时，中国各地区工业用水效率存在较大的差异，这种差异是由工业结构水平、外商投资规模和水资源禀赋等因素共同作用的结果，而且通过技术的广泛应用，大多数省（市、区）的工业用水效率均有提升的潜力。岳立（2011）对环境约束下的中国工业用水效率的研究发现，中国工业用水效率、规模收益整体上呈递增趋势；从区域上看，东部地区工业用水效率高于其他地区，北方地区的工业用水效率明显高于南方地区。于法稳等（2005）对西北地区农业资源利用效率进行了分析，提出了提高农业资源效率的政策性建议。

王家庭等（2009）在对中国城市资源集约利用的效率及其影响因素进行研究时发现，中国城市资源集约利用效率较低，效率值平均在70左右，并呈现出东部城市的资源集约利用效率高于中西部地区城市的不均衡分布状况。对水资源而言，城市水资源的集约利用效率平均值为72.86，一定程度上反映了城市在发展过程中存在严重的水资源浪费现象。在区域上，城市水资源的集约利用效率仍呈现出东高西低的态势。政府作用力、经济开放程度对水资源和土地资源的集约效率具有正向促进作用，产业结构和经济腹地变量对资源集约效率的提高有着正向的促进作用，而金融发展环境变量对资源集约效率的提高有着负向的抑制作用。

马海良等（2012）利用2003~2009年中国30个省区的面板数据，选取基于投入导向的DEA模型，测算出各省全要素水资源利用效率，通过Ma-lmquist指数测算出技术效率、技术进步和全要素生产率。研究结果表明：东部、中部和西部地区的水资源利用效率依次递减；技术进步和技术效率的增长都可导致水资源利用效率的改善，但技术进步由于回弹效应使得影响值较小；技术进步对中部地区水资源利用效率提高最为明显，而对西部地区效果较差。张志霞等（2012）认为，不同发展水平缺水地区的水资源边际生产价值大小是不一样的，并将水资源作为生产要素，结合劳动力和资本要素，建立了水资源生产函数模型，以此辨识了区域与行业间的用水特征及效率差异，并分析了研究区域产业布局与水资源配置中存在的主要问题。

除了上述对水资源利用的技术效率以及全要素生产率的分析之外，一些研究着重从产业用水效率方面开展。在工业用水效率方面，岳立（2011）对环境约束下的中国工业用水效率的研究发现，中国工业用水效率、规模收益整体上呈递增趋势；从区域上看，东部地区工业用水效率高于其他地区，北方地区的工业用水效率明显高于南方地区。在农业用水效率方面，来晨霏等（2012）认为，农业用水效率低下及水资源在工农业两部门间的结构性短缺将成为我国经济转型中面临的主要资源问题之一，并基于刘易斯－费－拉尼斯模型对二元经济结构体制下水资源流转过程进行系统性的经济学阐述，得出了水资源在工农业两部门中的流转是从无限供给状态到体现稀缺性的过程。许朗等（2012）通过实地调查，运用随机前沿分析方法从农户的微观层面对农业生产的灌溉用水效率进行测算，并在此基础上用Tobit模型对影响灌溉用水效率的因素进行深入分析，结果表明，农户的平均灌溉用水效率仅为0.4821，存在很大的节水潜力，农户种植经验的提高、农业的规模化生产、农户节水意识的增强、井灌方式的推广、节水灌溉技术的采用、灌溉水价的改革等都对提高灌溉用水效率产生积极的影响。

（六）有关节水方面的研究

由于农业用水占总用水量的比例较大，因此，农业节水技术自然成为很多国家缓解农业用水压力的重要途径之一。近年来，中国政府加大了对农业节水技术的投资力度，很多专家学者对农业节水的相关问题也进行了研究。石玉林等（2001）对农田灌溉需水进行了多方案分析，提出了节水高效农业的发展战略、建设途径、管理措施等，并分析了重点区域节水高效农业建设途径。刘强等（2006）在研究农业节水问题时发现，农业节水缺乏有力的激励机制的主要原因是现行水价政策不合理、没有形成科学的水权收益分配模式、农业节水技术研发和推广尚未形成联动机制。刘亚克等（2011）对农业节水技术采用及影响因素进行了研究，结果表明，由于缺乏对农业节水技术采用影响因素的深入了解，因而在很大程度上阻碍了节水技术的大面积推广。资金需求少、一家一户易于采用的传统型和农户型节水技术的采用程度相对较高，而资金需求大且需要集体行动的社区型节水技术的采用程度很低且发展缓慢。政府的政策支持和水资源的短缺程度也是影响农业节水技术采用的两个重要因素。如果政府希望推动农业节水技术的采用，节水技术的推广和示范村的建立都是十分有效的政策工具。刘愿英等（2007）认为中国灌区农业水资源可持续利用中的现行体制和政策难以促进有效的节水机制的形成。

刘作新（2004）在区域层面上对农业水资源和农业节水潜力进行了系统分析，提出了东北地区的系统农业节水战略。同时，笔者还对节水农业进行了分区，确定了不同农业类型区节水高效栽培模式与关键集成技术体系。

农民作为农业生产的主体，对农业节水技术的态度将直接影响到节水的效果。王金霞等（2008）研究的结果表明，随着水资源短缺程度的加大，农民不仅会将集体产权和集体管理的机井转变成个体产权和个体管理的机井，还会自发性地形成地下水市场；另外，农民在采用节水技术方面会做出较敏感的反应。农民对水资源短缺的反应一方面可能会缓解水资源短缺的矛盾，另一方面也可能使得水资源短缺现象更为严重。因此，政府应该重视农民对水资源短缺的反应，运用相关的政策和制度措施（如水价、水资源费、水资源管理制度改革，水权、财政和信贷等政策）来合理地引导农民对水资源短缺的反应，尽量减少其潜在的负面影响，促进水资源和社会经济的可持续发展。

（七）有关虚拟水方面的研究

英国学者 T. Allan 在 20 世纪 90 年代初提出了“虚拟水”概念，

改变了原有的一些思维方式，拓宽了水资源研究领域，树立了水资源管理的新理念，引起了国内外众多学者对虚拟水有关问题的研究。国内的一些学者从战略层面进行了研究，程国栋（2003）、张敦强（2004）、柯兵等（2004）、曹建廷（2004）、张志强等（2004）、柳长顺等（2005）、马静（2006）认为虚拟水贸易可以作为解决中国水资源短缺和粮食安全的一种途径，对解决农业生产以及粮食安全具有重要的作用；徐中民等（2003）、龙爱华等（2004）利用相关理论与方法对区域虚拟水进行了匡算；于法稳（2010）认为虚拟水是一种理念，可以用来研究产品贸易背后的水资源流动问题，笔者在对中国粮食国际贸易中的虚拟水进行匡算的基础上，分析了粮食贸易中产生的水资源流动对区域水资源压力的影响程度。孙才志等（2010）通过对中国农产品虚拟水与资源环境经济要素时空匹配进行研究时发现，中国农产品虚拟水与水资源匹配程度最差，与耕地、水土流失治理地域差异性在缓慢减小，匹配程度在上升；与人口、GDP 地域差异性在缓慢扩大，匹配程度在下降。同时，孙才志还指出，虚拟水战略有其现实局限性。陈丽新等（2010）对中国农产品虚拟水流动格局的形成机理及维持机制进行了研究，指出耕地资源、人口、经济驱动、国家政策和技术进步五个因素影响中国农产品虚拟水的流动格局，并从完善农业生态补偿机制、农业水资源援助战略、跨流域调水及发展节水高效现代农业四个方面提出了维持中国农产品虚拟水流动格局的政策性建议。刘红梅等（2010）基于国际贸易理论及引力模型，对中国农业虚拟水国际贸易的影响因素进行了分析，结果表明，与中国农业虚拟水国际贸易正相关的因素为农业劳动力要素禀赋、技术水平、农业规模经济、需求方收入水平、汇率水平及加入 WTO 等，负相关的因素包括土地和水资源要素禀赋、全国 GDP 水平、价格水平及区域性经济组织。虚拟水对解决区域水资源短缺具有一定的作用，Jeffrey J. Reimer（2012）认为，虚拟水贸易越来越被认为是解决淡水资源的一个有效途径，并提出了将虚拟水概念置于牢固的经济基础之上的新的理论结果，在一定程度上纠正了已有文献建立在虚拟水经济学上的一些错误概念。但虚拟水贸易受多种因素的影响和制约，马超等（2012）从自然、经济、社会、生态、技术和政策六个维度系统分析了以农产品为主要载体的虚拟水贸易实施的影响因素。研究表明：耕地资源及水资源的稀缺程度、区域经济发展水平、社会调适能力是虚拟水进口的正向驱动因素，而农业用水效率则是虚拟水进口的逆向驱动因素。袁正等（2012）认为，水生态占用计算应当包括食物生产过程中所能提供的各项生态服务功能水体总量，食物运输过程中的水资源消耗，再加工过程的水资源利用量以及浪费或废弃食品的自然消纳所需要的水资源量四个部分。对常州市城乡居民食物消费生产过程的水生态占用结构的分析，证明了改进的水生态占用计算结果完善了水生态占用的组成部分。

虚拟水贸易不但发生在不同国家之间，也发生在同一个国家不同区域之间，而且区域间虚拟水贸易实证研究也比较多。Zh. Y. Zhang等（2012）在区域间的投入－产出框架下分析了北京市水足迹，结果表明，北京市的水足迹总量为 4498.4×10^6 立方米/年，其中，51%是以虚拟水方式输入的来自外部的水足迹。农业水足迹最高，为 1524.5×10^6 立方米/年，56%来自外部资源。虚拟水主要来自河北省，达到了 373.3×10^6 立方米/年，其中40%来自农业。李方一等（2012）认为，虚拟水贸易是实现水资源区域优化配置的重要途径之一，基于区域间贸易模型和各地产业用水系数，构建了虚拟水贸易模型，并以山西省为例模拟了区域间的虚拟水贸易格局，提出了山西省积极推行虚拟水政策，发展节水产业，通过工农业产品贸易从水资源丰富的地区调入虚拟水等战略。

（八）有关水资源管理方面的研究

从管理体制来讲，中国水资源管理部门分散，“九龙”管水现象严重，一方面造成了水资源管理的“洼地”，另一方面造成水资源管理功能的严重重叠。为此，一些学者从优化水资源管理体制的角度，对管理体制改革的有关问题进行了研究。张雪松等（2003）通过对区域水资源管理体制的研究，提出了建立流域管理和行政区域相结合的管理体制，重点在于加强流域管理。

从管理制度来讲，在计划经济时代，中国采取行政手段进行水资源管理。从水资源供给角度看，形成了政府单一投资的水资源供给体制，用水户参与权力小，缺乏维护的激励，政府单一供给制度的缺陷凸显出来。王金霞等（2000）在总结中国水利改革实践经验的基础上，提出了水资源管理需要用水户的广泛参与，其管理权限应有针对性的下放。陈雷等（2000）、胡继连等（2002）提出，对小型水利设施的投资、运行权应由受益农户享有。胡继连（2002）、葛颜祥（2002）提出运用期权机制配置农用水资源，并建立水权交易市场，以实现水资源效益最大化，对于需求目的的不同，应建立不同的分配模式。

从权属管理来讲，在中国，水权的界定还没有统一，但水权市场对水资源优化配置的作用，在理论层面上清晰而又明确，国内学者讨论较多。傅春（1999）、傅晨（2002）、胡振鹏等（2003）对水权交易、水资源产权配置与管理进行了研究。

从流域管理来讲，阮本清等（2001）、雷玉桃（2004）对流域水资源管理及其制度进行了研究，并剖析了中国流域水资源管理的现状及发展趋势，提出了中国流域水资源管理中存在流域机构权力缺乏、地方保护主义严重、流域管理信息采集难度大、流域规划监督无力等一系列问题。为此，实现流域水资源管理需要几个转变：水资源管理的主导类型由供给型转向需求型，管理手段由单一型转向复合型，管理目标由工程目标转向综合目标，管理模式由分割管理转向流域管理。陈宜瑜等（2007）在系统分析中国流域管理的现状、存在问题及原因、流域综合管理相关项目进展的基础上，提出了推进流域综合管理的概念框架与政策建议。

经济手段是调节水资源利用的有效手段，很多学者从经济学层面对水资源管理问题进行了研究，并提出了相应的措施。针对中国长期实行的低价供水政策导致用水效率低下的问题，许多学者认为，必须改革现有水价制度，充分运用价格杠杆调节水资源供求。在水价制定中，选取有利于激励节水的水价制定方法。冯尚友（2000）提出，为实现水资源的有效利用，体现水源地优先权，应建立水价补偿机制。胡继连（2002）认为，需要实行“两部水价”、累进水价制度。刘玉龙等（2008）认为，要尽快启动流域生态补偿试点工作，建立健全实施生态补偿需要的政策、法规，落实流域生态补偿试点的启动资金，以实现流域水资源的可持续利用。

制度因素在水资源管理中的作用表现得非常突出，也具有很好的成效。刘建国等（2012）在水资源管理研究中引入了“制度”因素，将制度分析与环境资源管理结合在一起。在此基础上，对制度分析与发展（IAD）研究框架进行修正得到水制度分析与发展（WIAD）研究框架；然后将WIAD框架应用于黑河流域中游张掖市的甘州区、临泽县和高台县，对水制度绩效进行评价和影响因素分析。结果显示，水行政绩效在水制度子绩效中水平最高且对水制度综合绩效影响最显著，而水法和水政策对水制度综合绩效的影响不显著。为了实现水资源的可持续利用，水资源论证制度逐渐引入水资源管理研究领域。冯嘉（2012）认为，水资源论证制度对于合理优化配置水资源、促进经济社会与环境资源协调发展具有重要的推动作用，完善水资源论证制度的基本思路就是加强立法，制定一部有关水资源论证制度的行政法规，并以此为统领，完善水资源论证制度立法体系。

行政手段、制度手段、法律手段、市场手段是水资源管理常采用的四种手段。但是不同国家、不同区域使用的手段及其效果有所差异。李薇等（2011）认为，具有命令控制手段特征的取水许可证和带有经济刺激手段色彩的水资源费政策适合中国目前的国情，既有利于政府调控，也可激励用水户采取节水技术和措施。笔者还提出了制定清晰的取水目标，加强中央对地方水资源管理的稽核机制，完善流域综合管理机制，建立信息监测与公开机制，水资源费标准设置和地方水利部门的能力建设等政策性建议。

对流域水资源管理而言，何艳梅（2012）认为，基于国际河流流域的整体性，为使流域水资源开发利用获得最佳和可持续的效益，流域开发应贯彻全局思路，创立流域一体化管理模式。我国对境内国际河流的开发利用，应当循序渐进地开展一体化管理，流域水电开发应当进行环境与社会影响评价和后评价。我国作为上游国，如果因为需要维护河流流域的生态系统平衡而影响我国的开发利用，损失经济发展机会，就应积极寻求中下游国家给予生态补偿；同时关注下游国开发利用动态，积极维护我国与国际河流流域的整体利益。

一些新的概念也逐渐引入水资源管理领域，成为研究的一个关注点。贺晓英等（2012）认为，“水资源域”概念能够对水和物质随时间和空间二者相互变化的动态分布加以解释，综合考虑了不同尺度的时空即时变化对水资源及物质传播的影响。这一新概念应用遥感、空间分析、追踪及模拟技术分析流域空间模式与过程，为水资源探索、分析、模拟及预测提供了一种全新的方法与途径。

从小尺度来看，水资源管理模式较容易建立起来。罗柳红（2011）在研究生态工业园区水资源梯级利用相关问题时，构建了一个水资源管理的梯级利用模式，并认为，生态工业园区中水资源梯级利用体系要达成“物尽其用、废物最小化”的目标，应取决于不同利益者的博弈结果。水资源价格和排污收费价格的提高，可以减少新鲜水资源的购买量和最终的排污量，有利于促进园区内企业间的水资源梯级利用；而梯级利用的过程，也是各级消费者之间的一场博弈，博弈结果将决定再生水资源的售出价格。城市水资源越来越受到关注。谢琼等（2012）认为，城市化进程的加速对河道产生了不同程度的影响和破坏，需要在城市化初期开始完善城市河道保护体系，加强日常监督、工程治理、资金支持和行政管理，以促进城市化建设与河道利用的协调发展。

（九）有关促进水资源集约利用对策方面的研究

在经济全球化背景下，需要充分利用两种资源、两个市场，以实现中国水资源的可持续利用。姜巍等（2005）认为，要维持未来中国资源的有效供给，需要建立自然资源开发利用从宏观到微观的统一管理机制，强化机制的综合协调功能，并采用发展循环经济、推进国家资源加工深度化进程、加强资源管理等政策性措施。高明等（2005）对自然资源集约利用技术创新的动力机制进行了研究，认为由于自然资源是有限的，要实现自然资源的集约利用必须以技术创新作为有力支撑，并从技术推动动力、市场需求动力与政府促进动力三方面提出了自然资源集约利用的技术创新动力，并提出应采取市场机制与政府手段融合以及完善知识产权保护、财政税收、资源使用价格、资源产权、技术市场培育等方面的相应政策。闵庆文等（2002）认为，经济全球化向中国水资源安全提出了严峻挑战，同时，也为中国确保水资源安全提供了机遇。中国需要借助国际市场和自身挖潜，通过利用境外水资源、保护境内水资源、提高水资源效益、调整产业结构与饮食习惯等措施，确保水资源的集约利用。邓红兵等（2010）提出了中国水资源可持续利用的相关政策性建议，通过推广节水技术，提高整体经济的水资源利用效率；通过优化产业结构以及利用有效的经济激励手段鼓励低耗水产业的发展，同时鼓励高耗水行业进行技术改造，降低水耗，从而降低整体国民经济的水耗；通过完善水权交易制度建设，构建适合中国的水权交易市场。

刘强等（2006）认为，农业节水要建立以水权为基础、市场机制优化配置水资源的新体制；加快农业水价制度改革，培育水交易市场；依法建立农业节水的经济补偿和惩罚机制；采用农业节水技术研发和推广联动机制等措施。刘愿英等（2007）认为，中国灌区要实现农业水资源的可持续利用，必须大力发展节水农业，建立节水灌溉经济激励机制，建立用户参与管理决策的民主管理机制以及建立科学的水价体系。李薇等（2011）认为，具有命令控制手段特征的取水许可证和带有经济刺激手段色彩的水资源费政策适合中国目前的国情，既有利于政府调控，也可激励用水户采取节水技术和措施。笔者还提出了制定清晰的取水目标，加强中央对地方水资源管理的稽核机制，完善流域综合管理机制，建立信息监测与公开机制，水资源费标准设置和地方水利部门的能力建设等政策性建议。

罗柳红（2011）在研究生态工业园区水资源梯级利用相关问题时，构建了一个水资源管理的梯级利用模式，并认为，生态工业园区中水资源梯级利用体系要达成“物尽其用、废物最小化”的目标，应取决于不同利益者的博弈结果。水资源价格和排污收费价格的提高，可以减少新鲜水资源的购买量和最终的排污量，有利于促进园区内企业间的水资源梯级利用；而梯级利用的过程，也是各级消费者之间的一场博弈，博弈结果将决定再生水资源的售出价格。

生态补偿机制逐渐成为水质保护的一个有效措施，除了理论研究之外，也已经在不同的流域之间开始实施。在理论研究方面，主要集中在探讨生态补偿实施的相关问题，包括机制、政策等。G. Grolleau等（2012）采用交易成本框架，并与两个水质的付款计划的详细案例相结合，对增加或者降低交易成本的因素进行了诊断，母体是改善政策选择以及政策设计和实施。在慕尼黑和纽约两个城市案例中，与农民达成了改变产生水质影响的土地管理方式的协议，设计了一个流域计划，以补偿农民为保持水质提供的服务。赵雪雁等（2012）认为，生态补偿是非常有效的解决世界生态问题的政策工具集，农户作为生态补偿项目的实施主体，其参与意愿直接影响生态补偿项目的实施绩效和可持续性。孟浩等（2012）也认为，水源地生态补偿机制是一种调动水源地生态保护的经济手段；并提出拓展资金渠道，引导市场化资金募集方式，因地制宜，多重补偿方式相互结合，建立水源地生态补偿实施效益评估机制等几方面建议，以此完善水源地生态补偿机制的建立与优化。

在流域之间实施生态补偿方面，国内外学者开展了较多的研究。靳乐山等（2012）研究了鱼洞河上下游之间建立生态补偿机制的相关问题，他们认为理论上需要知道上游治理污染和维护生态环境的费用，以及下游对上游提供的生态环境服务的支付意愿。只有下游的支付意愿大于上游的费用，上下游之间的生态补偿机制才有理论可能性。通过实证数据进行研究，结果表明，在鱼洞河水源地进行上下游生态补偿理论上是可能的，补偿标准介于上游费用与下游支付意愿之间。赵雪雁等（2012）对甘南黄河水源补给区退牧还草等生态工程的效果进行了研究，结果表明，受生产方式的影响，甘南黄河水源补给区内，农区农户的生态补偿参与意愿强于半农半牧区、纯牧区。

第四节　研究的主要内容及方法

随着工业化、城镇化进程的加快，社会经济发展与水资源之间的矛盾将会更加尖锐。如何实现水资源的集约利用，是一个严峻的现实问题。因此，研究水资源集约利用的经济技术对策，实现水资源的可持续利用显得极为重要和紧迫。

一　研究的主要内容

本书分为九个部分，第一部分为序论，主要介绍进行该项目研究的背景、国内外研究现状、研究的主要内容及方法、研究的创新点及不足。

第二部分为中国水资源状况及空间特征分析，主要包括中国水资源禀赋概况、空间分布特征以及水资源的水质特征。

第三部分为中国水资源利用结构及效率分析，主要包括水资源利用量及其变化、水资源利用结构及其变化、水资源利用效率及其变化。

第四部分分析了中国农田水利设施建设情况，阐述了节水农业发展中所采取的主要技术，剖析了其中存在的问题，并对农民采用节水灌溉技术的意愿进行了实证研究。

第五部分在对脱钩理论概念模型进行细化的基础上，分析了经济发展水平与水资源利用之间的关系，第一产业发展水平与水资源利用之间的关系，第二产业发展水平与水资源利用之间的关系以及粮食生产与灌溉用水之间的关系。

第六部分在对黄河流域概况进行简述的基础上，对不同尺度上的水资源状况进行了分析，并对水资源与其他资源的匹配状况、水资源对农业生产的影响进行了分析。

第七部分采用虚拟水概念，对中国粮食国际贸易带来的水资源要素流动量及其变化进行了分析，并探讨了水资源要素流动对区域水资源可持续利用状态的影响。

第八部分分析了水资源集约利用的主要经济技术措施，包括水价制度、水权与水市场制度以及水资源的社区管理等。

第九部分在分析水资源集约利用中存在的问题的基础上，从国家战略、经济措施、管理手段、投入机制、技术保障、社会参与等方面提出了鼓励水资源集约利用的经济技术政策。

二　研究方法

本书采用规范分析与实证分析相结合，定性分析与定量分析相结合的方法。规范分析和定性分析主要运用生态经济学、发展经济学和比较经济学、制度经济学的方法。实证分析和定量分析主要采用统计分析、空间分析（GIS）和计量分析三种方法。

①统计学方法：主要用于分析不同尺度上水资源利用特征及其结构状况、水资源压力指数的计算及其变化情况。

②计量分析方法：主要用于经济发展与水资源之间脱钩关系的分析。

③空间分析方法：主要用于分析统计分析及计量分析结果的空间分布特征。

第五节 研究的创新点及不足

一 研究的创新点

本研究的创新点表现在两个方面：一是研究内容的创新；二是研究方法的创新。

研究内容的创新包括两点：其一，研究了经济发展过程中第一产业、第二产业与水资源利用之间的脱钩关系，并从实物形态上研究了粮食生产与灌溉用水之间的脱钩关系；其二，研究了粮食国际贸易中的虚拟水对区域水资源可持续利用状态的影响。

研究方法的创新包括四点：其一，将脱钩理论的概念模型进行了拓展，并应用于经济发展与水资源利用、粮食生产与灌溉用水之间关系的研究；其二，提出了构建水资源压力指数的方法，并根据水资源压力指数的大小与水资源利用状态之间的关系，从理论上划分了六种类型；其三，将新的区域尺度划分方法应用于水资源相关问题的研究，即南部沿海地区、北部沿海地区、东部沿海地区、长江中游地区、黄河中下游地区、东北地区、西南地区、大西北地区；其四，从国家战略的高度，创造性地提出将水资源利用与保护作为国家的一项基本国策，确保国家的生态安全、粮食安全以及人民福祉提高对水资源的需求。

二　研究存在的不足

研究成果存在的不足：在研究内容上，本研究较多地关注水资源量，而对水质问题关注不够；在研究尺度上，本研究较多地关注国家、区域以及省级层面的分析，小尺度层面分析不够。同时，本研究还缺乏对不同技术下水资源利用的效率等方面的比较研究。

需要进一步研究的问题：其一，水资源集约利用中的主要措施产生的效益比较，每种措施推广应用所需要的条件，以及可以推广的范围；其二，虚拟水作为水资源管理的一种方式，需要对国内贸易进行匡算，并且不同区域匡算的方法还需要进一步矫正；其三，鼓励水资源集约利用的经济技术政策方面，需要根据不同区域经济发展水平、经济结构以及水资源禀赋状态提出相应的政策，以提高政策的可操作性；其四，节约型社会建设可能是实现水资源集约利用的最有效的途径，需要全民的广泛参与，不同区域的公民对水资源利用的意愿如何，需要进行大范围的实地调研；其五，企业在水资源利用中的社会责任直接关系到工业用水效率以及废水的排放，因此，有必要研究水资源集约利用中的企业行为。

第二章　中国水资源状况及空间特征分析

第一节　中国水资源禀赋概况

一个国家或者地区的水资源禀赋既受到自然形成的存量差异制约，也受到经济发展导向的影响，前者是一个静态约束，后者则是一个动态过程。因此，各个国家或者地区的水资源禀赋就表现出静态特征和变化特征。

据统计，1997～2009年，中国平均水资源总量为27287.7亿立方米，约占全球水资源总量的5.8%，仅次于巴西、俄罗斯、加拿大，位列世界第四。但耕地亩均水资源占有量仅为世界平均水平的一半左右。同时，受人口的快速增长、经济规模的扩大以及旱灾频发等因素的影响，中国的水资源总量呈现出减少的趋势。

总体来讲，中国水资源呈现出以下几个特点：一是水资源总量丰富，但人均拥有量、亩均用水量短缺；二是水资源空间分布不均，南方地区水资源量占全国的81%，北方地区仅占19%，水资源分布与土地资源、经济布局不相匹配；三是北方地区水资源供需紧张，水资源开发利用程度达到了48%。水体污染、水生态环境恶化问题突出，南方一些水资源丰沛地区出现水质型缺水。水资源短缺，既影响着经济发展，也制约着人口和经济的均衡分布，同时还会带来许多生态问题。

一 水资源禀赋静态特征

分析中国的水资源禀赋，大致可以从四个方面入手，即降水量、地表水资源量、地下水资源量、水资源总量。

（一）降水量

2009年，中国平均降水量591.1毫米，折合降水总量为55965.5亿立方米，比常年值减少8.0%。图2-1是中国多年平均产水模数的区域分布图。由此可以看出，产水模数较大的区域主要分布在我国的长江以南地区。

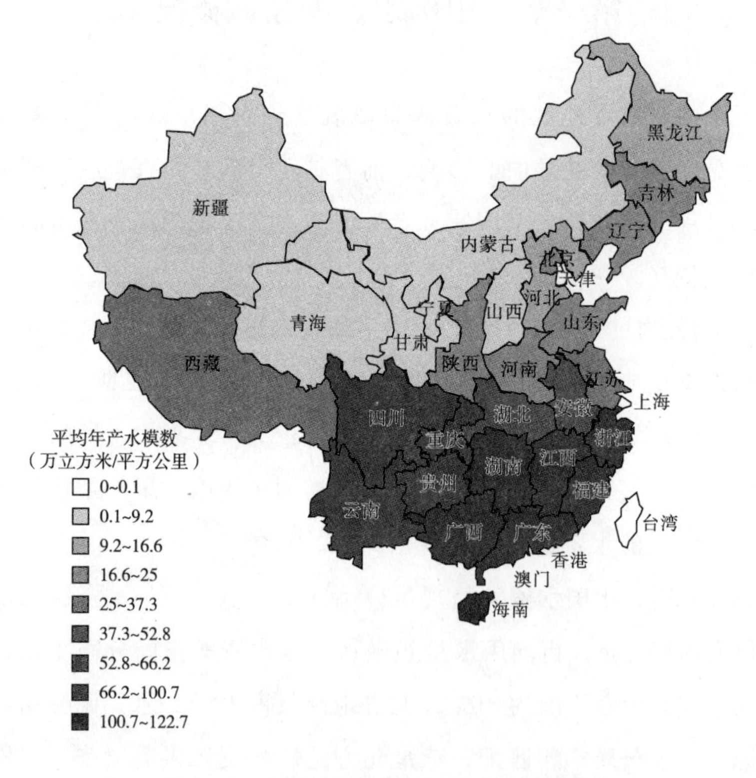

图2-1 中国各地区多年平均产水模数分布

（二）地表水资源量

地表水资源量是指河流、湖泊、冰川等地表水体逐年更新的动态水量，即当地天然河川径流量。2009 年中国地表水资源量为 23125.2 亿立方米，折合年径流深 244.2 毫米，比常年值偏少 13.4%，比 2008 年减少 12.3%。

（三）地下水资源量

地下水资源量是指地下饱和含水层逐年更新的动态水量，即降水和地表水入渗对地下水的补给量。2009 年中国地下水资源量为 7267.0 亿立方米，比 1980～2000 年平均值偏少 9.9%。其中，平原区地下水资源量为 1688.2 亿立方米，山丘区地下水资源量为 5863.9 亿立方米，平原区与山丘区之间的地下水资源重复计算量为 285.1 亿立方米。

（四）水资源总量

水资源总量是指当地降水形成的地表和地下产水总量，即地表产流量与降水入渗补给地下水量之和。在计算中，水资源总量既可由地表水资源量与地下水资源量相加，扣除两者之间的重复量求得，也可由地表水资源量加上地下水与地表水资源不重复量求得。2009 年，中国地下水与地表水资源不重复量为 1055.0 亿立方米，占地下水资源量的 14.5%，也就是说，地下水资源量的 85.5% 与地表水资源量重复。中国水资源总量达到 24180.2 亿立方米，与 2008 年相比，水资源总量约减少了 11.9%。中国水资源总量占降水总量的 43.2%，平均单位面积产水量为 25.5 万立方米/平方千米。

二　水资源禀赋变化特征

从动态变化来看，中国水资源总量从 1997 年的 27855 亿立方米下降到 2009 年 24180 亿立方米，减少了 3675 亿立方米，减少了 13.19%，呈现出明显的变化态势，其间也具有一定的波动，特别是 1998 年，中国长江流域发生特大洪涝灾害，从而使当年的水资源量突增（见图 2－2）。

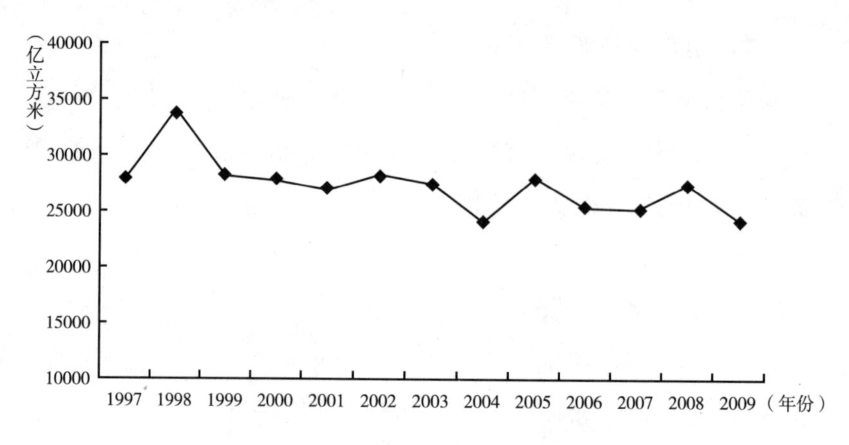

图 2－2　中国水资源总量动态变化

第二节　中国水资源空间分布特征

一　水资源总量的空间分布特征

众所周知，中国水资源时空分布不均衡，呈现出明显的南多北少的特征。本研究采取如下新的区域划分方法。

①北部沿海地区，包括北京市、天津市、河北省、山东省；

②东北地区，包括辽宁省、吉林省、黑龙江三省；

③东部沿海地区，包括上海市、江苏省、浙江省；

④南部沿海地区，包括福建省、广东省、海南省；

⑤黄河中游地区，包括陕西省、山西省、河南省、内蒙古自治区；

⑥长江中游地区，包括湖北省、湖南省、江西省、安徽省；

⑦西南地区，包括云南省、贵州省、四川省、重庆市、广西壮族自治区；

⑧大西北地区，包括甘肃省、青海省、宁夏回族自治区、西藏自治区、新疆维吾尔自治区。

从区域分布看，西南地区水资源总量为6759亿立方米，占全国水资源总量的27.91%；大西北地区水资源总量为5936亿立方米，占全国水资源总量的24.51%；南部沿海地区水资源总量为2895.2亿立方米，占全国水资源总量的11.95%；长江中游地区水资源总量为4125.76亿立方米，占全国水资源总量的17.03%；东部沿海地区水资源总量1373.23亿立方米，占全国水资源总量的5.67%；黄河中游地区水资源总量1209.17亿立方米，占全国水资源总量的4.99%；北部沿海地区水资源总量为463亿立方米，占全国水资源总量的1.91%；东北地区水资源总量1458亿立方米，占全国水资源总量的6.02%（见图2-3）。

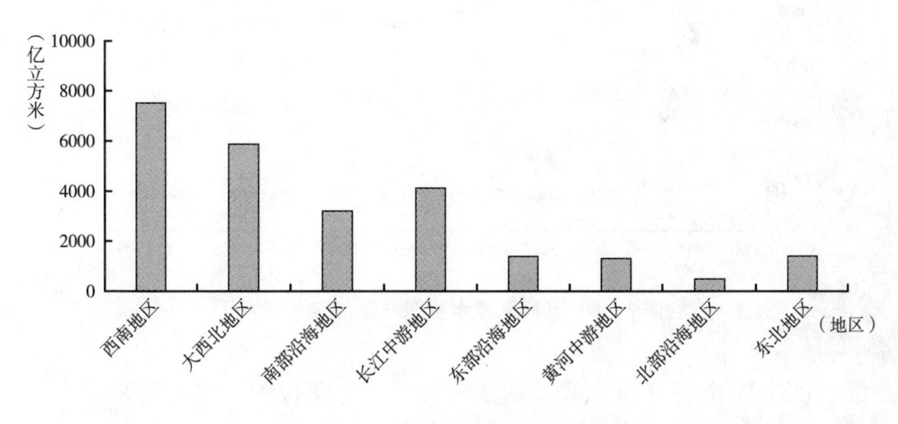

图2-3　不同区域水资源总量对比

从水资源总量在年际的变化来看，西南地区、长江中游地区、南部沿海地区以及黄河中游地区均出现较大波动。主要体现在水资源总量在该地区年际间变化频率快且变化程度大。

在不同区域水资源总量1997~2009年的变化曲线中，西南地区、长江中游地区出现了4个波峰值和3个波谷值；南部沿海地区出现了

4个波峰值和3个波谷值；黄河中游地区出现了5个波峰值和5个波谷值，是八大区域中水资源总量变化频率最快的地区，年际间水资源总量呈现不稳定的态势（见图2－4）。同时，这四个区域年际间水资源总量变化也相对剧烈。例如，长江中游地区水资源总量峰值出现在1998年，达到7415.16亿立方米；波谷值出现在2004年，为4103.00亿立方米，两者相差3312.16亿立方米，是年际间变化程度最小的北部沿海地区的水资源总量峰值与谷值差值的6.8倍。而东部沿海地区、北部沿海地区以及东北地区没有出现年际间水资源总量的频繁变化，整体波动较小。

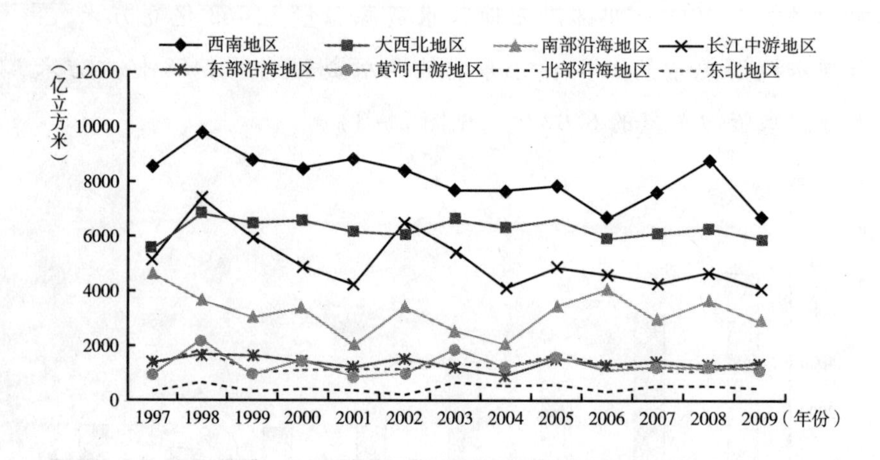

图2－4　不同区域水资源总量的变化情况

全国31个省（市、区）的水资源总量差距很大。水资源总量占全国水资源总量比例较高的5个省（区）分别为西藏（16.30%）、四川（9.01%）、云南（7.92%）、广西（7.15%）、湖南（6.68%）；比例较小的5个省（市、区）分别为天津（0.04%）、北京（0.08%）、上海（0.13%）、宁夏（0.18%）、山西（0.32%）（见图2－5）。

二　人均水资源量的空间分布特征

中国人均水资源量呈现阶梯状分布，西部地区人均水资源量最

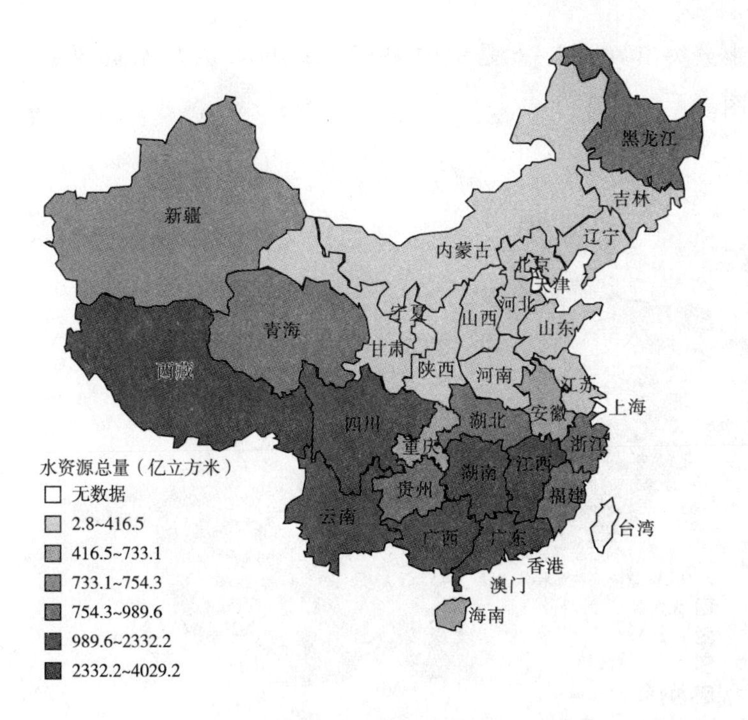

图 2－5　中国水资源总量区域分布

高，中部地区次之，东部地区人均水资源量最少。在西部地区中又以西藏人均水资源量最大，中部地区各省（市）人均水资源量相差不大，东部地区中以北部沿海地区和黄河中游地区最少。

1997～2009 年，中国人均水资源占有量呈现出“西部多，东部少”的极端不平衡现象。西部地区（包括大西北地区和西南地区）人均水资源占有量极其丰富，达到 199717.01 立方米/人，是其余 6 个经济区域人均水资源占有量总和的 6.9 倍。尤其是大西北地区，由于其水资源总量丰富，加之人口基数较小，人均水资源量达到 183233.82 立方米/人，是西南地区人均水资源量的 11 倍，是北部沿海地区人均水资源量的 258 倍。北部沿海地区人均水资源占有量远低于国际贫水线（即人均 1000 立方米）。北部沿海地区经济发展程度高、人口密集，对水资源的需求相对较大，该地区水资源供需矛盾十分突出。图2－6是中国1997～2009年人均水资源量的区域分布图。

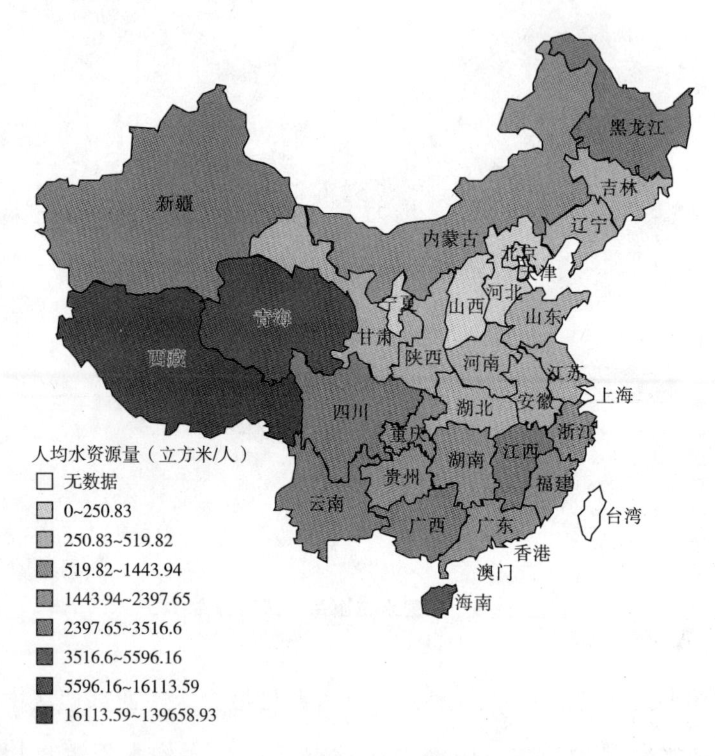

图2－6　中国人均水资源量的区域分布

图2－7是不同年份中国人均水资源量的区域分布图。

三　地均水资源量的空间分布特征

（一）区域层面单位耕地面积水资源量

从单位耕地面积拥有的水资源量来看，南部沿海地区最高，达到了6566万立方米/千公顷；其次是大西北地区，为5806万立方米/千公顷；西南地区为3553万立方米/千公顷，东部沿海地区、黄河中游地区以及东北地区单位耕地面积水资源拥有量比较低，分别为315万立方米/千公顷、561万立方米/千公顷、606万立方米/千公顷（见图2－8）。而这三个区域正是中国的粮食主产区。

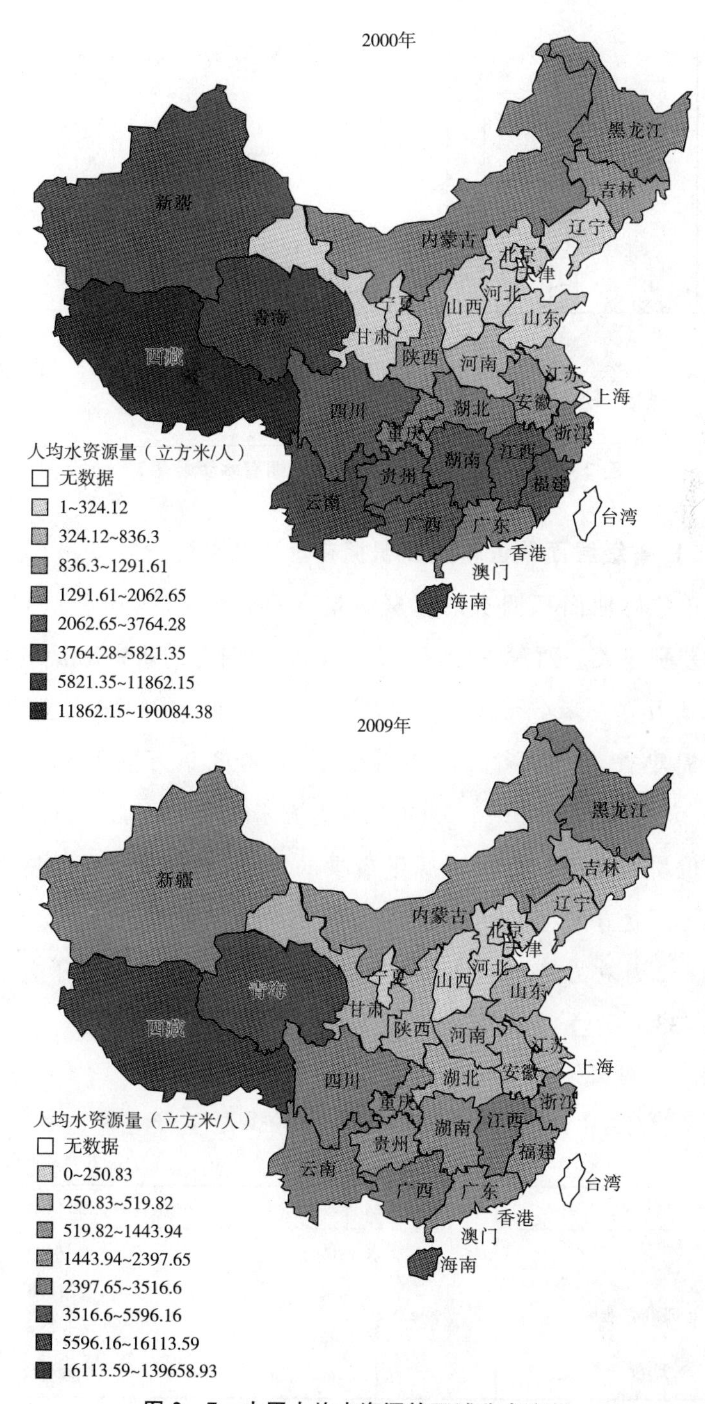

图 2－7　中国人均水资源的区域分布变化

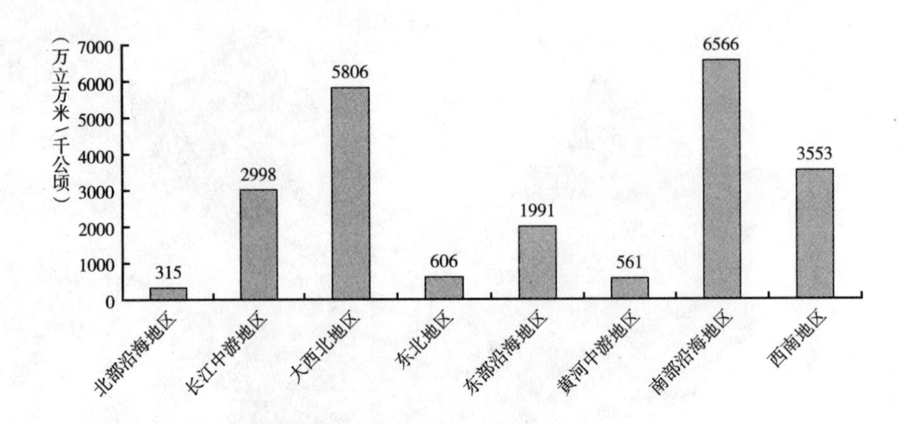

图 2－8　不同区域单位耕地面积拥有水资源量对比

（二）省级层面单位耕地面积拥有水资源量

从单位耕地面积拥有的水资源量来看，全国 31 个省（市、区）之间的差别很大，西藏自治区单位耕地面积拥有的水资源量最多，为 122967.3 万立方米/千公顷，其次为青海省，为 11963.9 万立方米/千公顷，福建省、广东省、江西省分别为 9008.9 万立方米/千公顷、5900.6 万立方米/千公顷、5563.9 万立方米/千公顷。

单位耕地面积拥有水资源量最少的 5 个省（市）分别是河北省为 209.5 万立方米/千公顷，天津市为 216.6 万立方米/千公顷，山西省为 218.2 万立方米/千公顷，山东省为 389.7 万立方米/千公顷，甘肃省为 433.4 万立方米/千公顷（见表 2－1）。

表 2－1　不同省（市、区）单位耕地面积水资源量

单位：万立方米/千公顷

区　域	省级行政区	单位耕地面积水资源量
北部沿海地区	北　京	973.5
	天　津	216.6
	河　北	209.5
	山　东	389.7

续表

区 域	省级行政区	单位耕地面积水资源量
长江中游地区	安 徽	1277.9
	江 西	5563.9
	湖 北	2085.9
	湖 南	4807.4
大西北地区	西 藏	122967.3
	甘 肃	433.4
	青 海	11963.9
	宁 夏	450.5
	新 疆	2230.2
东北地区	辽 宁	602.9
	吉 林	633.9
	黑龙江	594.2
东部沿海地区	上 海	1482.3
	江 苏	823.9
	浙 江	4951.6
黄河中游地区	山 西	218.2
	内蒙古	641.8
	河 南	520.4
	陕 西	842.5
南部沿海地区	福 建	9008.9
	广 东	5900.6
	海 南	4687.4
西南地区	广 西	4628.9
	重 庆	2429.5
	四 川	4134.8
	贵 州	2320.6
	云 南	3560.0

资料来源：根据《2010 中国统计年鉴》和 1997 ~ 2009 年《中国水资源公报》相关数据计算得到。

第三节　中国水资源水质特征

一　总体水质情况

目前，中国的水资源无论是地表水还是地下水，水质污染都非常严重。除了经济较不发达地区或径流量很大的西南诸河、内陆河、东南诸河、长江和珠江水质良好或尚可，符合和优于Ⅲ类水标准的河长占总监测河长的70%以上之外，海河、黄河、松辽河和淮河50%以上河段水质低于Ⅲ类水标准，在平原地区更是70%以上河段严重污染。国家重点治理的“三河三湖”（淮河、海河、辽河、太湖、滇池、巢湖）水环境改善有限，黄淮海平原、辽河平原和长江中下游平原地区地下水也普遍受到污染。

从发展趋势来看，广大农村作为中国水环境治理的薄弱地区，成为水污染最为严重的地区。据统计，中国有80%以上的河流受到不同程度的污染，农村有近7亿人的饮用水中大肠杆菌超标，农村约有1.9亿人的饮用水有害物质含量超标。而且，由于农药、化肥、杀虫剂等化学物质的广泛使用，农村面临的污染日趋严重，致使许多地方的地下水已经不适于饮用，严重影响了人民群众的身体健康和农村经济的健康发展。因此，水环境污染已对中国大部分地区包括城市、农村的食品安全、饮用水安全、环境安全和人民生命安全构成了严重威胁。

从地表水质量来看，全国地表水污染依然较重。《2010年中国环境状况公报》显示，全国七大水系总体为轻度污染。204条河流409个国控断面中，Ⅰ～Ⅲ类、Ⅳ～Ⅴ类和劣Ⅴ类水质的断面比例分别为59.9%、23.7%和16.4%。

26个国控重点湖泊（水库）中，满足Ⅱ类水质的有1个，占3.8%；Ⅲ类的有5个，占19.2%；Ⅳ类的有4个，占15.4%；Ⅴ类的有6个，占23.1%；劣Ⅴ类的有10个，占38.5%。主要污染指标是总氮和总磷。大型水库水质好于大型淡水湖泊和城市内湖水质。

26个国控重点湖泊（水库）中，营养状态为重度富营养的有1个，占3.8%；中度富营养的有2个，占7.7%；轻度富营养的有11个，占42.3%；其他均为中营养，占46.2%。

从地下水质量来看，根据2000～2002年国土资源部“新一轮全国地下水资源评价”成果，全国地下水环境质量“南方优于北方，山区优于平原，深层优于浅层”。按照《地下水质量标准》（GB/T 14848－93）进行评价，全国地下水资源符合Ⅰ～Ⅲ类水质标准的占63%，符合Ⅳ～Ⅴ类水质标准的占37%。南方大部分地区水质较好，符合Ⅰ～Ⅲ类水质标准的面积占地下水分布面积的90%以上，但部分平原地区的浅层地下水污染严重，水质较差。

除工业污染之外，农业生产活动对水体的污染呈现明显的递增态势。有关研究表明，“十一五”期间化肥施用中，每年平均总氮流失量为586.83万吨，其中入河总氮量为352.10万吨，比“十五”期间分别增加55.52万吨、33.31万吨，均增长10.45%。总磷流失量为189.73万吨，其中入河总磷量为113.84万吨，比“十五”期间分别增加30.61万吨、18.37万吨，增长19.24%。氨氮流失量为35.29万吨，其中入河氨氮量为21.17万吨，比“十五”期间分别增加9.80万吨、5.88万吨，增长38.47%。

当前，我国农村畜禽养殖污染物排放量巨大，“十一五”时期，仅牛、猪、羊养殖粪便排放量就达到了17.50亿吨，其中，牛、猪、羊粪便排放量所占比例分别为55.26%、32.93%、11.81%。随之带来的总氮排泄量为920.57万吨，总磷排泄量为365.75万吨，COD排放量为6090.08万吨，氨氮排放量为359.61万吨。排泄物中部分流失进入水体，总氮、总磷、COD、氨氮流失量分别为 50.24 万吨、19.47 万吨、357.14 万吨和 9.76 万吨。这些数据还没有将生活废物排放量、畜禽养殖的粪便排放量以及养殖业的尿液排放量包括在内。

以黄河流域为例，2009 年黄河流域全年评价河长 14039.3 千米，其中，黄河干流评价河长 3613.0 千米，支流评价河长 10426.3 千米。

评价以河段为单元进行，将河段各评价项目代表值与评价标准值对照，确定单项水质类别，用单项最高水质类别作为该河段综合水质类别，以表征该河段水质状况。评价结果表明：2009 年黄河流域年平均符合Ⅰ～Ⅲ类水质标准的河长 6180.0 千米，占评价总河长的 44.1%；符合Ⅳ～Ⅴ类水质标准的河长 3402.0 千米，占评价总河长的 24.2%；劣Ⅴ类水质标准的河长 4457.3 千米，占评价总河长的 31.7%（见图 2－9）。

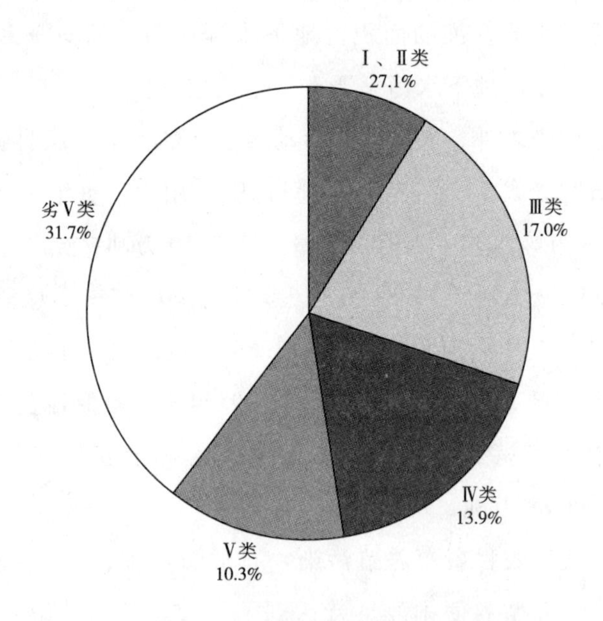

图 2－9　2009 年黄河流域各类水质河长比例

据统计，2009 年黄河流域废污水排放量为 42.05 亿吨，其中城镇居民生活废污水排放量为 11.66 亿吨，第二产业废污水排放量为

27.55 亿吨，第三产业废污水排放量为 2.84 亿吨，分别占废污水排放总量的 27.6%、65.5% 和 6.8%（见图 2－10）。

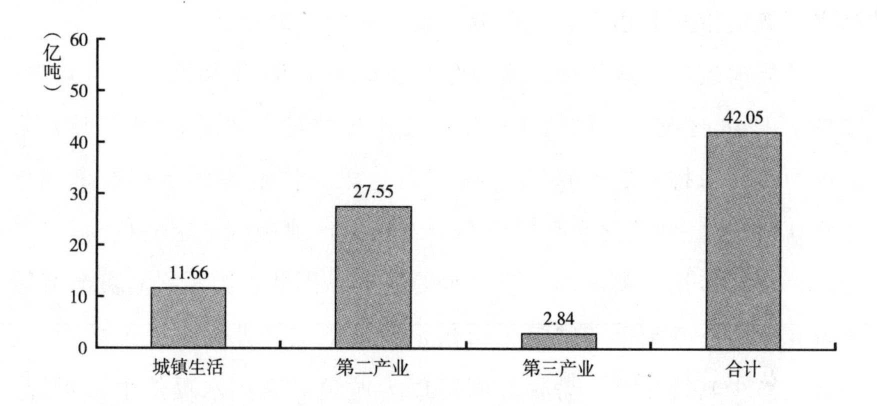

图 2－10　2009 年黄河流域废污水排放量来源

为了分析黄河流域不同水质的变化情况，本书将 2009 年不同水质类别河长所占的比例与 2005 年的相应比例进行比较。结果如下：Ⅰ～Ⅲ水质河长比例从 2005 年的 20.3% 增加到 2009 年的 27.1%，增加了 6.8 个百分点；Ⅲ类水质河长比例有所下降，从 2005 年的 19.7% 下降到 2009 年的 17.0%，下降了 2.7 个百分点；Ⅳ类水质河长比例也所有下降，从 2005 年的 23.9% 下降到 2009 年的 13.9%，下降了 10 个百分点；Ⅴ类水质河长比例从 2005 年的 4.9% 增加到 2009 年的 10.3%，增加了 5.4 个百分点；劣Ⅴ类水质河长比例也有所增加，从 2005 年的 31.2% 增加到 2009 年的 31.7%，增加了 0.5 个百分点。Ⅴ类、劣Ⅴ类水质河长比例的变化表明，黄河流域水质总体上呈现恶化态势。

从废污水来源结构变化来看，来自城镇居民生活废污水的比例从 2005 年的 19.9% 增加到 2009 年的 27.6%，增加了 7.7 个百分点；而来自第二产业的废污水排放量所占比例下降了 8 个百分点；第三产业废污水排放量所占比例则增加了 0.2 个百分点。这些数据表明，随着城镇化进程的加快，来自城镇居民生活与第三产业发展的废污水比例会进一步增加，而由于环境保护的要求，第二产业通过技术改进和提高水资源的重复利用率，可以减少废污水的排放比例。

从黄河流域排放的废污水总量来看，与2005年相比，有所减少，减少了1.48亿吨，但城镇居民生活废水排放量增加了2.99亿吨，第二产业废污水排放量下降了4.44亿吨，第三产业废污水排放量减少了0.03亿吨。城镇化水平的提高会对第三产业起到一定的拉动作用，而两个正向作用一起增加了废污水的排放，因此，为了提高黄河流域水资源水质，必须重视城镇生活污水以及第三产业污水处理的力度，一方面减少其排放量，另一方面可以为城镇景观用水提供中水水源，从而减少新鲜水资源的利用量。

二　不同类型水体水质情况

中国水资源水质受所属区域、经济发展水平等因素的影响，各地区水域呈现出不同的水质特征。总的来说，中国水资源水质可以分为河流水质、湖泊水质、水库水质、省界水体水质、水功能区水质、集中式饮用水水源地水质以及地下水水质。

（一）河流水质

2009年，对全国16.1万千米的河流水质状况进行评价的结果表明，全国全年Ⅰ类水河长占评价河长的4.6%，Ⅱ类水河长占31.1%，Ⅲ类水河长占23.2%，Ⅳ类水河长占14.4%，Ⅴ类水河长占7.4%，劣Ⅴ类水河长占19.3%。全国全年Ⅰ～Ⅲ类水河长比例为58.9%。

从东、中、西部地区分布来看，中国西部地区、中部地区、东部地区水质呈现依次下降的态势，东部地区水质相对较差。而从河流水质情况来看，珠江、长江总体水质良好，松花江为轻度污染，辽河、淮河为中度污染，黄河、海河为重度污染。

（二）湖泊水质

2009 年，对全国有水质监测资料的 71 个湖泊的 2.7 万平方千米水面进行了水质评价。全年水质为Ⅰ类的水面占评价水面面积的 0.8%，Ⅱ类水面占 38.0%，Ⅲ类水面占 19.6%，Ⅳ类水面占 14.8%，Ⅴ类水面占 12.8%，劣Ⅴ类水面占 14.0%。对上述湖泊进行营养化状况的评价结果为：贫营养湖泊有 1 个，中营养湖泊有 24 个，轻度富营养湖泊有 27 个，中度富营养湖泊有 19 个。

（三）水库水质

2009 年，对全国有水质监测资料的 411 座水库进行了水质评价。其中全年水质为Ⅰ类的水库 31 座，占评价水库总数的 7.5%；Ⅱ类水库 185 座，占 45.0%；Ⅲ类水库 118 座，占 28.7%；Ⅳ类水库 38 座，占 9.3%；Ⅴ类水库 19 座，占 4.6%；劣Ⅴ类水库 20 座，占 4.9%。全国全年Ⅰ～Ⅲ类水质的水库比例为 81.2%。在进行营养状况评价的 394 座水库中，无贫营养水库，中营养水库 283 座，富营养水库 111 座。在富营养水库中，处于轻度富营养的水库 91 座，占富营养水库总数的 82.0%；中度富营养水库 19 座，占富营养水库的 17.1%；重度富营养水库 1 座，占富营养水库的 0.9%。

（四）省界水体水质

2009 年，监测评价省界断面 305 个。全年水质为Ⅰ～Ⅲ类的断面占评价断面总数的 46.6%，Ⅳ～Ⅴ类断面占 29.5%，劣Ⅴ类断面占 23.9%。

各水资源一级区中，西南诸河区、东南诸河区Ⅰ～Ⅲ类水质省界断面占其评价断面总数的 80% 以上，海河区劣Ⅴ类水质断面占其评价断面总数的近 60%。松花江区 46% 的省界断面水质达到Ⅰ～Ⅲ类标准，无污染严重的劣Ⅴ类水质断面；辽河区 42% 的省界断面水质达到Ⅰ～Ⅲ类标准，污染严重的劣Ⅴ类水质断面约占 33%；海河区 42% 的省界断面水质达到Ⅰ～Ⅲ类标准，污染严重的劣Ⅴ类水质断面占58%；黄河区47%的省界断面水质达到Ⅰ~Ⅲ类标准，污染严重的劣Ⅴ类水质断面占27%；淮河区29%的省界断面水质达到Ⅰ~Ⅲ类标准，污染严重的劣Ⅴ类水质断面占31%；长江区54%的省界断面水质达到Ⅰ~Ⅲ类标准，污染严重的劣Ⅴ类水质断面占15%；长江区54%的省界断面水质达到Ⅰ~Ⅲ类标准，污染严重的劣Ⅴ类水质断面占15%；长江区太湖流域34%的省界断面水质达到Ⅰ~Ⅲ类标准，污染严重的劣Ⅴ类水质断面占23%；东南诸河区85%的省界断面水质达到Ⅰ~Ⅲ类标准，污染严重的劣Ⅴ类水质断面占15%；珠江区36%的省界断面水质达到Ⅰ~Ⅲ类标准，污染严重的劣Ⅴ类水质断面占12%；西南诸河区省界断面水质均达到Ⅰ~Ⅲ类标准。

（五）水功能区水质

2009年，水功能区达标率为47.4%，其中一级水功能区1171个（不包括开发利用区），达标率为56.3%；二级水功能区2240个，达标率为42.8%。从水体类型看，河流类水功能区评价河长13.5万千米，达标率为54.2%，其中河流一级水功能区评价河长7.0万千米，达标率65.9%；二级水功能区评价河长6.5万千米，达标率41.5%。湖泊类水功能区评价湖泊水面面积2.8万平方千米，达标率为60.6%。

（六）集中式饮用水水源地水质状况

2009年对全国638个地表水集中式饮用水水源地的水质合格状况进行了监测与评价，其中河流类饮用水水源地、湖泊类饮用水水源地、水库类饮用水水源地分别占60.0%、3.6%、36.4%。按全年水质合格率统计，合格率在80%及以上的集中式饮用水水源地有407个，占评价水源地总数的63.8%，其中全年水质合格率达100%的水源地有292个，占评价总数的45.8%；全年水质均不合格的水源地有49个，占评价总数的7.7%。

（七）地下水水质

2009年，北京、辽宁、吉林、上海、江苏、海南、宁夏、广东8省（市、区）根据所辖区域的62眼监测井的水质监测资料，对其地下水水质进行了分类评价。评价结果显示：水质适用于各种用途的Ⅰ～Ⅱ类监测井占评价监测井总数的5.0%，适合集中式生活饮用水水源及工农业用水的Ⅲ类监测井占22.9%，适合除饮用外其他用途的Ⅳ～Ⅴ类监测井占72.1%。

第三章　中国水资源利用结构及效率分析

第一节　水资源利用量及其变化

一　国家层面水资源利用总量特征

中国水资源利用总量特征可以从水资源供水量和用水量两个指标来分析。

第一，供水量是指各种水源为用水户提供的包括输水损失在内的毛水量之和，按受水区分地表水源、地下水源和其他水源统计。2009年全国总供水量为5965.2亿立方米，占当年水资源总量的24.7%。其中，地表水源供水量4839.5亿立方米，占总供水量的81.13%；地下水源供水量1094.5亿立方米，占总供水量的18.35%；其他水源供水量31.2亿立方米，占总供水量的0.52%（见图3-1）。

2009年中国水资源总供水量最大的省份是江苏省，达到549.2亿立方米，占全国水资源总供水量的9.2%；水资源供水总量最少的是天津市，只有23.4亿立方米，占全国水资源供水总量的0.4%。

第二，用水量是指各类用水户取用的包括输水损失在内的毛水量之和，按生活、工业、农业和生态环境四大类用户统计，不包括海水

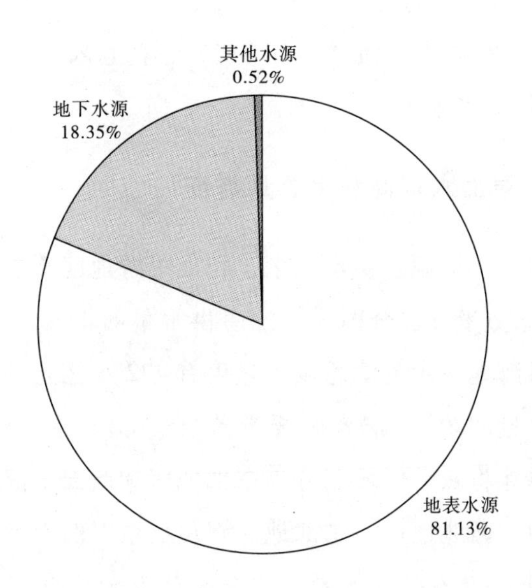

图 3-1　中国供水来源结构

直接利用量。生活用水包括城镇生活用水和农村生活用水，其中城镇生活用水由居民用水和公共用水（含第三产业及建筑业等用水）组成；农村生活用水除居民生活用水外，还包括牲畜用水。工业用水指工矿企业在生产过程中用于制造、加工、冷却、空调、净化、洗涤等的水，按新鲜取水量计，不包括企业内部的重复利用水量。农业用水包括农田灌溉和林、果、草地灌溉及鱼塘补水。生态环境补水仅包括人为措施供给的城镇环境用水和部分河湖、湿地补水，而不包括降水、径流自然满足的水量。

2009 年全国总用水量为 5965.2 亿立方米，其中，生活用水量为 748.2 亿立方米，占总用水量的 12.6%；工业用水量为 1390.9 亿立方米，占总用水量的 23.3%；农业用水量为 3723.1 亿立方米，占总用水量的 62.4%；生态环境补水量为 103.0 亿立方米（不包括太湖的引江济太调水 4.9 亿立方米和浙江省的环境配水 19.3 亿立方米），占总用水量的 1.7%。与 2008 年比较，全国总用水量增加了 55.3 亿立方米，其中生活用水量增加了 18.9 亿立方米，工业用水量减少了

6.2亿立方米，农业用水量增加了59.7亿立方米，生态环境补水量减少了17.2亿立方米。

二　省级层面水资源利用总量特征

中国各地区水资源总供水量中，长江中游地区水资源总供水量达到1136.9亿立方米，占全国水资源总供水量的19%，位居各区域首位；而北部沿海地区水资源总供水量仅有472.6亿立方米，只占全国水资源总供水量的8%，居各区域末尾。

如果简单地将八大区域划分为东部地区和西部地区，西部地区包括西南地区和大西北地区，东部地区则包括余下的六大区。西部地区总用水量达到1648.6亿立方米，占全国总用水量的28%；东部地区总用水量达到4316.8亿立方米，占全国总用水量的72%。

在中国31个省（市、区）中，1997~2009年，平均总用水量最大的省份是江苏省，达到495.6亿立方米，占全国总用水量的8.81%；其后依次是新疆、广东、湖南、广西，分别为490.4亿立方米、452.8亿立方米、319.5亿立方米、299.0亿立方米，分别占全国总用水量的8.72%、8.05%、5.68%、5.31%。

用水量较少的5个省（市、区）分别为天津、西藏、青海、北京、海南，用水量分别为22.4亿立方米、28.5亿立方米、29.2亿立方米、36.9亿立方米、45.1亿立方米，占全国总用水量的0.40%、0.51%、0.52%、0.66%、0.80%。

此外，总用水量增加10亿立方米以上的有安徽、黑龙江、四川、湖北和新疆，主要以农业用水增加为主。各省级行政区中用水量大于400亿立方米的有江苏、新疆、广东3个省（区），用水量少于50亿立方米的有天津、青海、北京、西藏、海南5个省（市、区）。农业用水比例在75%以上的有新疆、宁夏、西藏、甘肃、内蒙古、海南、青海、黑龙江8个省（区），工业用水比例在30%以上的有上海、重庆、福建、湖北、江苏、贵州、安徽7个省（市），生活用水占总用水量20%以上的有北京、天津和重庆3个市。

第二节　水资源利用结构及其变化

一　水资源利用结构的产业特征

1997年以来，全国总用水量总体呈缓慢上升趋势，其中生活用水和工业用水呈持续增加态势，而农业用水则受气候影响上下波动，总体呈缓降趋势。生活用水和工业用水占总用水量的比例逐渐增加，农业用水占总用水量的比例则逐渐减小。按居民生活用水、生产用水、生态环境补水划分，2009年全国城镇和农村居民生活用水占8.5%，生产用水占89.8%，生态环境补水占1.7%。在生产用水中，第一产业用水（包括农田、林地、果地、草地灌溉及鱼塘补水和牲畜用水）占总用水量的64.0%，第二产业用水（包括工业用水和建筑业用水）占23.9%，第三产业用水（包括商品贸易、餐饮住宿、交通运输、机关团体等各种服务行业用水量）占1.9%。

从图3-2中可以看出，1997~2009年，相对于农业用水量的变化，工业用水量和生活用水量变化更加平稳，年际间未出现较大波动。总用水量的变化态势主要受农业用水量的影响。

二　水资源利用结构的空间特征

首先，在农业用水量方面，大西北地区农业用水量最大，达到697.5亿立方米；而沿海地区包括东部沿海地区、北部沿海地区和南部沿海地区农业水资源用水量偏少，平均不到400亿立方米。之所以

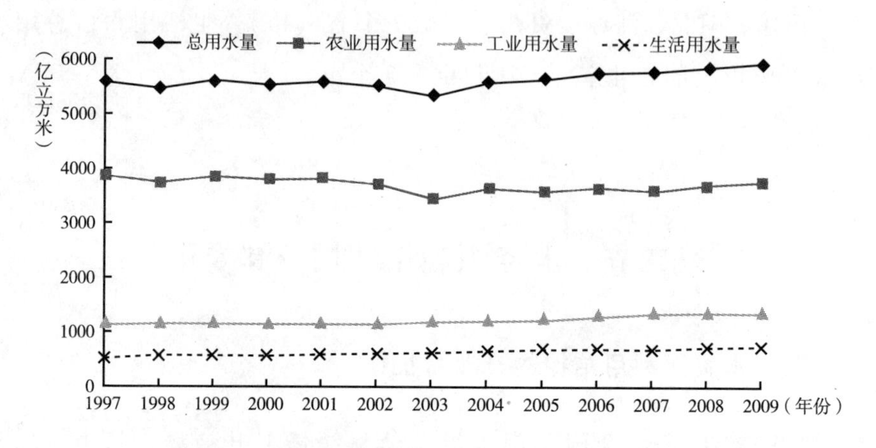

图 3-2　用水量的动态变化情况

出现这种变化，原因可能有两个，一是大西北地区农业生产的比重较大，而沿海地区农业在经济中的作用在弱化；二是西北地区农业用水方式可能存在大面积的大水漫灌，而沿海地区农业更有条件采取节水效果较好的灌溉方式。

其次，大西北地区工业用水量最少，长江中游地区和东部沿海地区工业用水量最大；工业用水量小于 100 亿立方米的地区有三个，分别是大西北地区、黄河中游地区和北部沿海地区；工业用水量在 100 亿 ~300 亿立方米的地区有 3 个，分别是西南地区、南部沿海地区和东北地区；工业用水量超过 300 亿立方米的地区有 2 个，分别是长江中下游地区和东南沿海地区。

最后，大西北地区的农业用水量位居全国首位，而其工业用水量则居于末位，两者差值达到 666.2 亿立方米，而东部沿海地区在农业用水量和工业用水量方面最为接近，差值仅为 80.2 亿立方米，为大西北地区两者差值的 12%。

万元 GDP 用水量可以反映区域水资源利用效率，图 3-3 是 2009 年不同省（市、区）万元 GDP 用水量的空间分布。

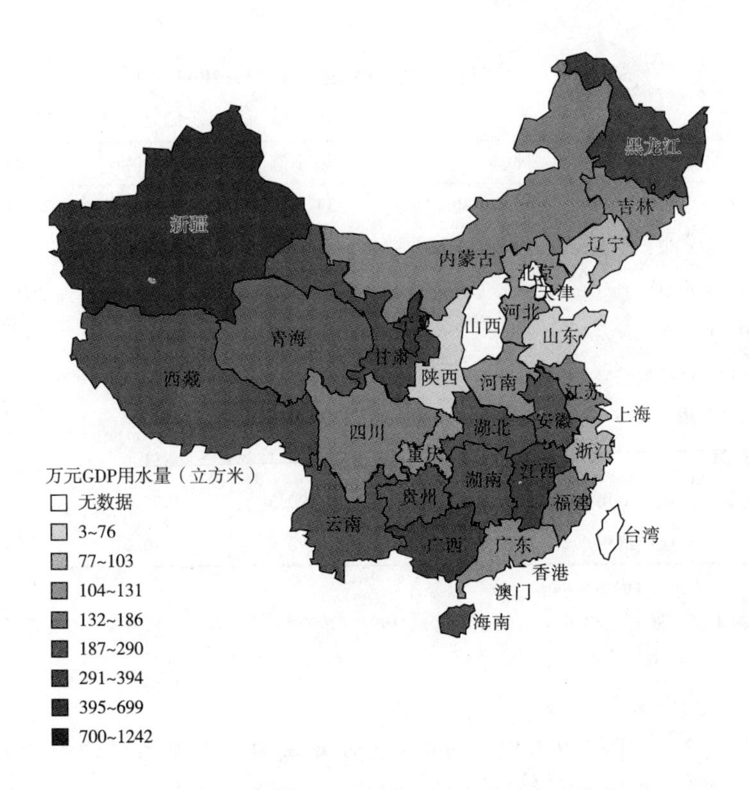

图 3-3 2009 年万元 GDP 用水量的区域分布

第三节 水资源利用效率及其变化

一 水资源利用效率的产业特征

根据中国 1997～2009 年历年产值及用水量的数据，通过排序的方式获得最大值、最小值，通过统计学方法获得平均值、标准差。每年的万元 GDP 用水量、万元第一产业产值用水量、万元第二产业产值用水量通过当年总用水量、第一产业用水量、第二产业用水量与相应的产值计算得到，然后获得其最大值、最小值、平均值及标准差。这些指标的统计描述见表 3-1。

表 3-1 主要指标的统计描述（1997～2009 年）

单位：亿元，亿立方米，立方米

项　目	最大值	最小值	平均值	标准差
国内生产总值*	122629.7	39762.7	71981.8	26416.3
第一产业产值	10666.9	6749.9	8382.1	1241.2
第二产业产值	72307.0	21300.9	41008.0	16287.4
总用水量	5965.2	5320.5	5626.6	183.6
第一产业用水量	3919.7	3432.9	3703.7	129.3
第二产业用水量	1404.0	1121.2	1235.2	108.8
万元 GDP 用水量	1399.8	486.4	881.6	288.3
万元第一产业产值用水量	5807.1	3490.3	4525.2	749.3
万元第二产业产值用水量	526.3	192.4	340.0	103.7

注：* 产值是 1997 年价格。

资料来源：根据《2010 中国统计年鉴》、1997～2009 年《中国水资源公报》相关数据计算得到。

从表 3-1 中可以看出，1997～2009 年国内生产总值平均为 71981.8 亿元，第一产业产值平均为 8382.1 亿元，第二产业产值平均为 41008.0 亿元；总用水量平均为 5626.6 亿立方米，其中第一产业用水量平均为 3703.7 亿立方米，第二产业用水量平均为 1235.2 亿立方米；万元 GDP 用水量平均为 881.6 立方米，万元第一产业产值用水量平均为 4525.2 立方米，万元第二产业产值用水量平均为 340.0 立方米。

二　水资源利用效率的空间特征

（一）区域水资源利用效率

根据前面对经济区域的划分，分别计算每个区域水资源利用效率。计算方法如下。

第一步，计算每个区域 1997～2009 年历年的产值。

$$GDP_{ry} = \sum_{i=1}^{n} GDP_{iy} \tag{3-1}$$

$$AGDP_{ry}=\sum_{i=1}^{n}AGDP_{iy} \tag{3-2}$$

$$IGDP_{ry}=\sum_{i=1}^{n}IGDP_{iy} \tag{3-3}$$

其中，GDP_{ry}为每个区域每年的GDP，$AGDP_{ry}$为每个区域每年的第一产业产值，$IGDP_{ry}$为每个区域每年的第二产业产值；GDP_{iy}为每个省（市、区）每年的GDP，$AGDP_{iy}$为每个省（市、区）每年的第一产业产值，$IGDP_{iy}$为每个省（市、区）每年的第二产业产值；$r=1,2,\cdots,8$为区域个数；$i=1,2,\cdots,n$，n为每个区域内所包含的省（市、区）的个数；$y=1997,1998,\cdots,2009$。

第二步，计算每个区域1997～2009年产值的平均值。

$$GDP_{r}=\frac{\sum_{y=1}^{13}GDP_{ry}}{13} \tag{3-4}$$

$$AGDP_{r}=\frac{\sum_{y=1}^{13}AGDP_{ry}}{13} \tag{3-5}$$

$$IGDP_{r}=\frac{\sum_{y=1}^{13}IGDP_{ry}}{13} \tag{3-6}$$

其中，GDP_r为每个区域1997～2009年GDP的平均值，$AGDP_r$为每个区域1997～2009年第一产业产值的平均值，$IGDP_r$为每个区域1997～2009年第二产业产值的平均值。

第三步，计算每个区域1997～2009年历年的总用水量、第一产业用水量及第二产业用水量。

$$WGDP_{ry}=\sum_{i=1}^{n}WGDP_{iy} \tag{3-7}$$

$$WAGDP_{ry}=\sum_{i=1}^{n}WAGDP_{iy} \tag{3-8}$$

$$WIGDP_{ry}=\sum_{i=1}^{n}WIGDP_{iy} \tag{3-9}$$

其中，$WGDP_{ry}$为每个区域每年的总用水量，$WAGDP_{ry}$为每个区域每年的第一产业用水量，$WIGDP_{ry}$为每个区域每年的第二产业用水量；$WGDP_{iy}$为每个省（市、区）每年的总用水量，$WAGDP_{iy}$为每个省（市、区）每年的第一产业用水量，$WIGDP_{iy}$为每个省（市、区）每年的第二产业用水量；$r=1$，2，…，8 为区域个数；$i=1$，2，…，n，n 为每个区域内所包含的省（市、区）的个数；$y=1997$，1998，…,2009。

第四步，计算每个区域 1997～2009 年总用水量、第一产业用水量及第二产业用水量的平均值。

$$WGDP_r = \frac{\sum_{y=1}^{13} WGDP_{ry}}{13} \tag{3-10}$$

$$WAGDP_r = \frac{\sum_{y=1}^{13} WAGDP_{ry}}{13} \tag{3-11}$$

$$WIGDP_r = \frac{\sum_{y=1}^{13} WIGDP_{ry}}{13} \tag{3-12}$$

其中，$WGDP_r$ 为每个区域 1997～2009 年总用水量的平均值，$WAGDP_r$ 为每个区域 1997～2009 年第一产业用水量的平均值，$WIGDP_r$ 为每个区域 1997～2009 年第二产业用水量的平均值。

第五步，计算每个区域的水资源利用效率。

$$EGDP_r = \frac{WGDP_r}{GDP_r} \tag{3-13}$$

$$EWAGDP_r = \frac{WAGDP_r}{AGDP_r} \tag{3-14}$$

$$EWIGDP_r = \frac{WIGDP_r}{IGDP_r} \tag{3-15}$$

其中，$EGDP_r$ 为每个区域 1997～2009 年万元 GDP 用水量，$EWAGDP_r$ 为每个区域 1997～2009 年万元第一产业产值用水量，

$EWIGDP_r$ 为每个区域 1997～2009 年万元第二产业产值用水量。

根据上面的计算方法，本研究计算出了不同区域万元产值用水指标（见表 3－2）。从表 3－2 中可以看出，万元 GDP 用水量最少的是北部沿海地区，为 214.0 立方米，其次是东部沿海地区，为 307.3 立方米，处于第三位的是南部沿海地区，为 360.1 立方米；万元 GDP 用水量最高的是大西北地区，为 1971.3 立方米，长江中游地区、西南地区紧随其后，分别为 556.8 立方米、544.4 立方米。从中可以看出，沿海地区水资源利用效率比较高，这与区域经济发展的产业结构具有密切的关系。

表 3－2　不同区域经济发展用水指标

单位：立方米

地区	万元 GDP 用水量	万元第一产业产值用水量	万元第二产业产值用水量
北部沿海地区	214.0	1296.6	64.1
长江中游地区	556.8	1832.0	288.8
大西北地区	1971.3	8887.5	223.3
东北地区	422.4	2031.0	178.6
东部沿海地区	307.3	1932.9	206.1
黄河中游地区	394.5	1614.3	116.0
南部沿海地区	360.1	1782.2	190.3
西南地区	544.4	1631.3	255.8

资料来源：根据 1998～2010 年《中国统计年鉴》、1997～2009 年《中国水资源公报》相关数据计算得到。

万元第一产业产值用水量中，大西北地区最高，为 8887.5 立方米，东北地区、东部沿海地区分列第二位、第三位，分别为 2031.0 立方米、1932.9 立方米；北部沿海地区、黄河中游地区较低，分别为 1296.6 立方米、1614.3 立方米。

万元第二产业产值用水量中，北部沿海地区、黄河中游地区以及东北地区相对比较低，分别为 64.1 立方米、116.0 立方米、178.6 立方米；长江中游地区、西南地区、大西北地区比较高，分别为 288.8 立方米、

255.8 立方米、223.3 立方米。

（二）省级层面水资源利用效率

31 个省（市、区）1997～2009 年主要指标的统计描述见表 3－3。表 3－3 中的数据来源方式与表 3－1 相似，只是获得主要指标的最大值、最小值、平均值以及标准差的范围扩大到 31 个省（市、区）；每年的万元 GDP 用水量、万元第一产业产值用水量、万元第二产业产值用水量通过每个省（市、区）当年总用水量、第一产业用水量、第二产业用水量与相应的产值计算得到，然后采取上述方法获得相应的最大值、最小值、平均值以及标准差。

表 3－3　省级层面主要指标的统计描述

单位：亿元，亿立方米，立方米

项　目	最大值	最小值	平均值	标准差
国内生产总值	28240.1	77.0	5009.8	4908.7
第一产业产值	2074.5	29.2	616.4	456.8
第二产业产值	17187.6	17.0	2665.6	2904.7
总用水量	558.4	16.4	181.5	129.4
第一产业用水量	489.4	10.0	119.5	94.6
第二产业用水量	225.3	0.3	39.8	39.0
万元 GDP 用水量	4479.4	41.1	654.0	712.4
万元第一产业产值用水量	19357.4	423.3	2780.9	1301.0
万元第二产业产值用水量	790.9	12.3	204.6	138.9

资料来源：根据 1998～2010 年《中国统计年鉴》、1997～2009 年《中国水资源公报》相关数据计算得到。

从表 3－3 中可以看出，主要指标的最大值与最小值之间的差距很大。从平均值来看，国内生产总值为 5009.8 亿元，第一产业产值为 616.4 亿元，第二产业产值为 2665.6 亿元；总用水量平均为 181.5 亿立方米，第一产业用水量平均为 119.5 亿立方米，第二产业用水量为 39.8 亿立方米；万元 GDP 用水量平均为 654 立方米，万元第一产业产值用水量为 2780.9 立方米，万元第二产业产值用水量为 204.6 立方米。

第四章　中国水利设施建设及节水技术应用

第一节　农田水利建设情况及面临的问题

一　灌区建设情况

中国是一个水旱灾害频繁发生的国家，1991～2009年平均每年水旱受灾面积为3783万公顷，占农作物总播种面积的24.69%，因此，水利建设在农业生产中具有举足轻重的作用。

早在20世纪50年代，中国就开展了波澜壮阔的水利建设，取得了举世瞩目的巨大成就，而且水利工作一直是党中央、国务院十分关注的重点之一。2011年，《中共中央国务院关于加快水利改革发展的决定》进一步明确了新形势下水利的战略地位以及水利改革发展的指导思想、目标任务、工作重点和政策举措，推动了水利实现跨越式发展。2011年7月8～9日中央水利工作会议的召开，标志着水利工作已成为全党工作的中心任务之一。

经过几代人的共同努力，中国的农田灌排体系已初步建立。全国农田有效灌溉面积由1949年的1593万公顷增加到2009年的5926万公顷，占耕地面积的48.69%。通过实施灌区续建配套与节水改造，发展节水灌溉，反映灌溉用水总体效率的农业灌溉用水有效利用系数，从新中国成立初期的0.3提高到0.5。农田水利建设极大地提高了农业综合生产的能力，以不到全国耕地面积一半的灌溉农田生产了全国75%的粮食和90%以上的经济作物，为保障国家粮食安全做出了重大贡献。

截至2009年，全国有效灌溉面积万亩以上的灌区共5844处，农田有效灌溉面积2956万公顷。按有效灌溉面积划分，50万亩以上灌区125处，农田有效灌溉面积1083万公顷；30万~50万亩大型灌区210处，农田有效灌溉面积475万公顷。

从灌区建设的动态变化来看，与1990年相比，灌区数量增加了481处，其中50万亩以上灌区数量增加了53处，30万~50万亩灌区数量增加了134处；灌区有效灌溉面积增加了833万公顷，其中，50万亩以上灌区灌溉面积增加了478万公顷，30万~50万亩灌区灌溉面积增加了285万公顷（见表4-1）。

表4-1　万亩以上灌区数量及有效灌溉面积

单位：处，万公顷

项　目	1990年	1995年	2000年	2005年	2009年
年底灌区数	5363	5562	5683	5860	5844
50万亩以上灌区	72	74	101	117	125
30万~50万亩灌区	76	99	141	170	210
灌区有效灌溉面积	2123	2250	2449	2642	2956
50万亩以上灌区	605	631	788	1023	1083
30万~50万亩灌区	190	244	344	408	475

资料来源：《2010年中国水利统计年鉴》。

图4-1显示了中国灌区数量及灌溉面积的变化情况。由此可以看出，1990~2005年，灌区数量一直在增加，到2009年略有下降；其中，30万~50万亩灌区个数增加快于50万亩以上灌区，而且差距

越来越大。灌区灌溉面积增加比较平缓，其中，30 万～50 万亩灌区灌溉面积较 50 万亩以上灌区灌溉面积增加得快，差距也呈现出越来越大的态势。

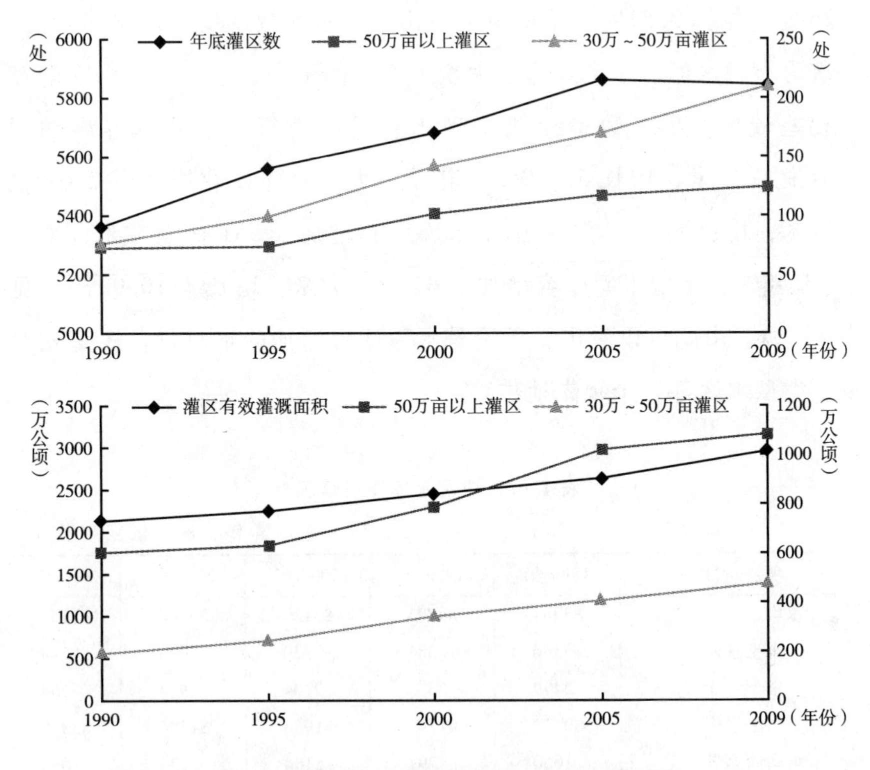

图 4－1　中国灌区数量及灌溉面积的变化情况

二　水库建设情况

从水库建设情况的静态来看，到 2009 年，中国已建成各类水库 87151 座，水库总库容 7064 亿立方米。其中，大型水库 544 座，占水库总数的 0.62%，总库容 5506 亿立方米，占全部总库容的 77.96%；中型水库 3259 座，占水库总数的 3.74%，总库容 921 亿立方米，占全部总库容的 13.04%；小型水库 83348 座，占水库总数的 95.64%，总库容 636 亿立方米，占全部总库容的 9.00%。

从水库建设情况的动态来看，与1990年相比，水库数量增加了3764座，增长了4.51%。其中，大型水库增加了178座，增长48.63%；中型水库增加了760座，增长30.41%；小型水库增加了2826座，增长3.51%。由此可以看出，在水库数量增加的绝对量上，依次为小型水库、中型水库、大型水库；由于大、中、小型水库的基数相差较大，相对数量变化呈现出相反的特征。水库库容增加了2404亿立方米，增长51.59%。其中，大型水库库容增加了2109亿立方米，增长了62.08%；中型水库库容增加了231亿立方米，增长了33.48%；小型水库库容增加了63亿立方米，增长了10.99%（见表4-2）。由此可以看出，无论是水库库容增加的绝对量，还是相对量，大型水库都处于领先地位。

表4-2 中国水库建设情况

单位：座，亿立方米

项　目	1990年	1995年	2000年	2005年	2009年
水库	83387	84775	85120	85108	87151
大型水库	366	387	420	470	544
中型水库	2499	2593	2704	2934	3259
小型水库	80522	81795	81996	81704	83348
水库库容量	4660	4797	5184	5624	7064
大型水库	3397	3493	3842	4197	5506
中型水库	690	719	746	826	921
小型水库	573	585	594	602	636

资料来源：《2010年中国水利统计年鉴》。

从水库数量变化趋势来看，大型水库数量变化曲线比较平缓，稳中有升。中型水库数量2000年之前增长较为缓慢，此后增加幅度较快。小型水库的变化曲线则具有很大的波动性，1990~2000年都呈现增长态势，其中，1990~1995年增长幅度较大；1995~2000年增幅则较为缓慢；2000~2005年则呈现下降态势，减少292座；

2005～2009年，又呈现出较快的增长态势。

从水库库容变化趋势来看，大型水库、中型水库库容都呈现出明显的增长态势，其中1995～2000年，二者库容增加的趋势非常相似。但2000～2005年，中型水库库容增速快于大型水库库容增速，此后则相反；小型水库库容在2005年之前都没有出现明显的增加，此后出现明显增加，但增加的幅度依然低于大型水库、中型水库的增幅（见图4－2）。

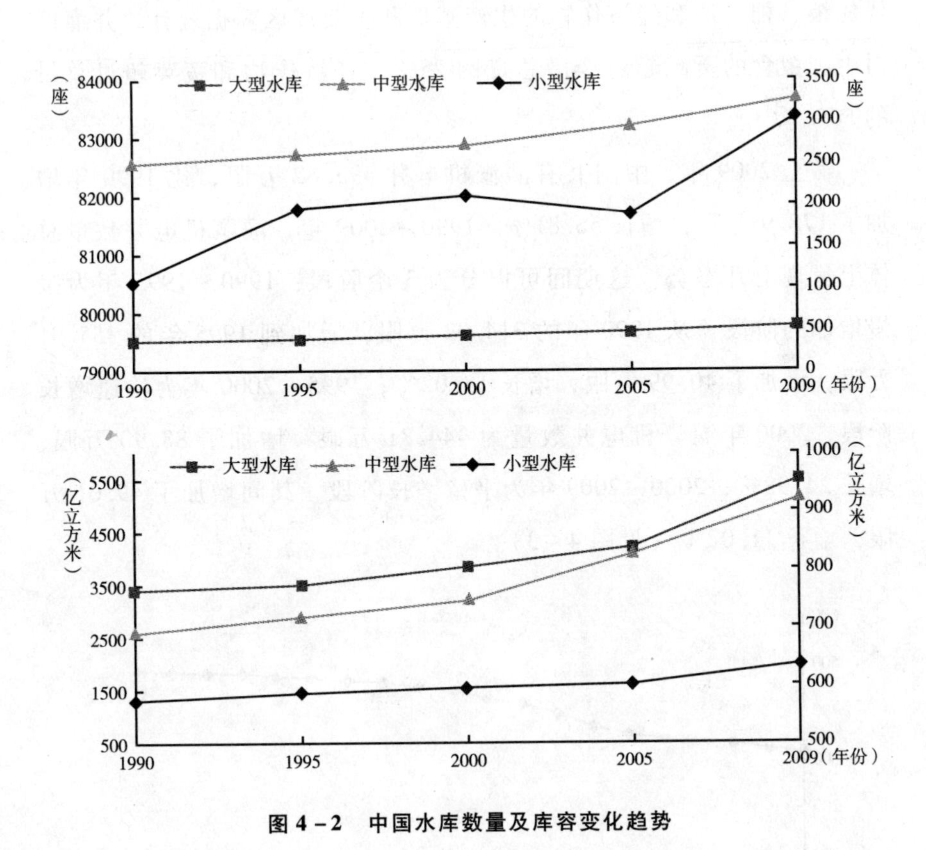

图4－2　中国水库数量及库容变化趋势

三　灌溉机电井建设情况

中国的井灌区主要分布在东北平原、华北平原、内蒙草原区、西北黄土高原区、江淮山丘旱洪区以及西北内陆区，也有少数分布在丘陵山地。中国的井灌区绝大部分位于年降水量1000毫米线以北的地区，这些地区因降水时空分布不均，且与作物生长不同步，夏季多雨，春季干旱，地表水源在灌溉季节往往供给不足，因此，井灌就成为该地区农业生产的重要保障。

井灌区由于水源比较稳定可靠，可以对农作物进行适时适量的灌溉，易于建成旱涝保收的高产农田。因此，许多井灌区已成为中国主要的粮、棉、油和经济作物的生产基地和主要产区。据统计，井灌区对中国粮食的贡献超过全国总量的25%，经济作物和蔬菜超过总量的50%。

截至2009年，中国共有灌溉机电井493.82万眼，比1990年增加了178.9万眼，增长56.81%。1990～2009年，灌溉机电井数量总体上呈现上升态势。这期间可以分为3个阶段：1990～1995年为缓慢增加的阶段，从1990年的314.92万眼，增加到1995年的355.91万眼，增加了40.99万眼，增长13.02%；1995～2000年为快速增长阶段，2000年灌溉机电井数量为444.81万眼，增加了88.90万眼，增长24.98%；2000～2009年为平稳增长阶段，其间增加了49.01万眼，增长11.02%（见图4－3）。

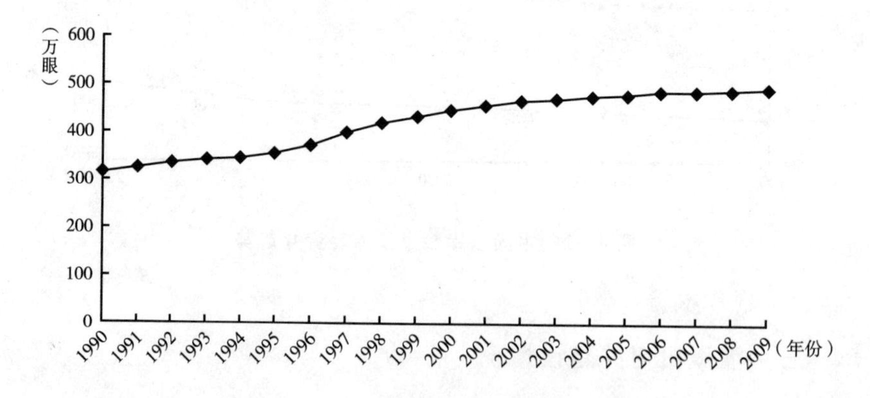

图4－3　中国灌溉机电井数量变化情况

四　堤防建设情况

前面已经提到，中国是世界上洪涝灾害最为严重的国家之一，堤防工程是防御洪水最普遍、最有效的一种措施。到 2009 年，中国堤防长度达到了 29. 1 万公里，比 1990 年增加了 7. 1 万公里，增长了 32. 27%；堤防保护的耕地面积达到 4654. 7 万公顷，比 1990 年增加了 1454. 7 万公顷，增长了 45. 46%。图 4 -4 是不同年份中国堤防长度及其所保护的耕地面积。

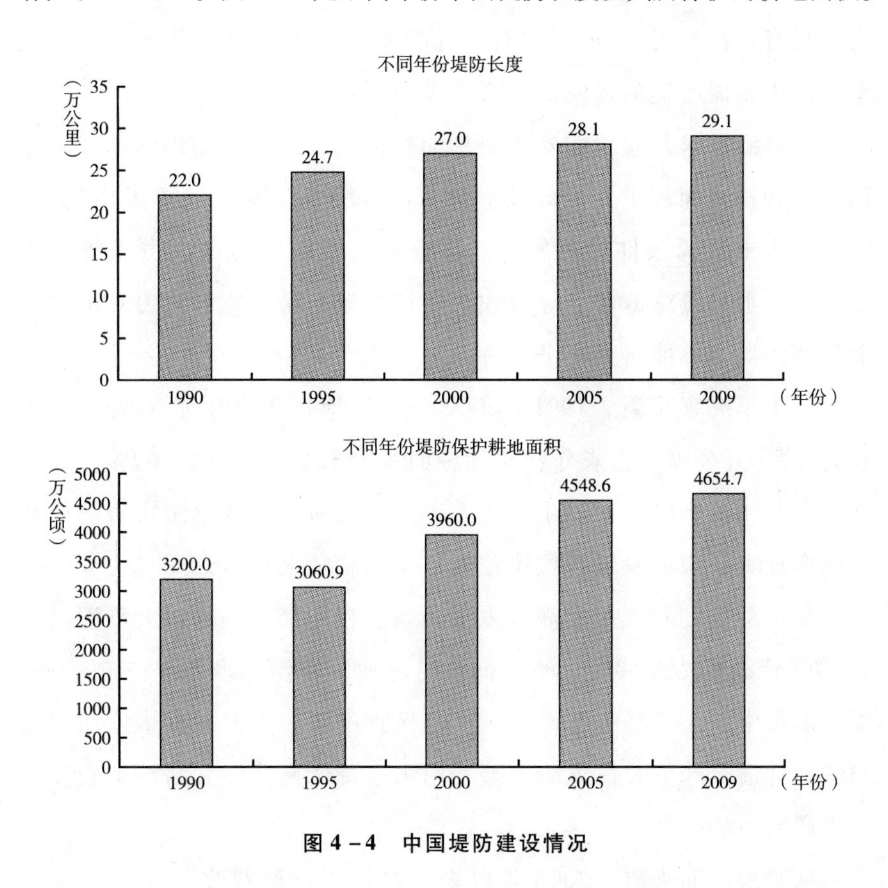

图 4 -4　中国堤防建设情况

五　农田水利设施面临的问题

从工程供水能力看，中国现有的农田水利工程大多是 20 世纪 50

年代至70年代修建的，很多灌区工程严重老化、失修。由于管护经费短缺，长期缺乏维修养护，工程坏损率高，大型灌区的骨干建筑物坏损率近40%，严重制约了工程的供水能力，因水利设施老化损坏年均减少有效灌溉面积约20万公顷。大型灌区主要建筑物有40%左右需要维修，中小型灌区有50%左右需要维修。全国人大农田水利专题调研发现，2009年春天中国北方的特大旱情，暴露出水利灌溉设施严重老化的问题。绝大多数泵站的灌排水能力达不到设计标准，有的只有设计标准的40%左右，有的完全失去了灌排功能，全国大型泵站中急需改造的比例高达85%以上。

从灌溉需求来看，相对于耕地面积而言，灌溉规模仍然不足。中国现有的耕地面积中，半数以上仍为没有灌溉设施的“望天田”。还有一些水土资源条件相对较好、适合发展灌溉的地区，由于投入不足，农田水利设施薄弱，导致农业生产抗御旱涝灾害的能力较低，农业生产的潜力不能得到充分发挥。

从水旱灾害来看，1991~2009年，平均每年发生水旱灾害的面积为3783万公顷，占农作物总播种面积15324公顷的24.69%。在全球气候变化的影响下，发生更大范围、更长时间持续旱涝灾害的概率可能会加大，农业发展和国家粮食安全面临较大风险。

从工程角度看，很多灌区末级渠系工程配套不完善，大型灌区田间工程配套率仅约50%，不少低洼易涝地区排涝标准不足三年一遇，灌溉面积中有1/3是中低产田，旱涝保收田面积仅占现有耕地面积的23%，且损毁严重，抗灾能力差，用水浪费严重，极大制约了农业综合生产能力的提高。

从管理层面来看，2000年以来，农村实行税费改革和“一事一议”的农村水利筹资筹劳方式，但从调研的结果来看，这种方式执行的成效并不大，从而导致灌区末级渠系的养护投入严重下降，管理流于形式，渠系输水效率严重下降。

正是由于末级渠系和田间工程多年没有投入，村集体、农民用水组织管理和维护不到位，向农民筹集维修资金困难，容易造成设施失管失修，甚至长期不能修复。因此，农田水利工程老化、毁损的主要原因是由于管护不善。

表4－3显示了中国农田有效灌溉面积减少量及其原因，从中可以看出，2009年中国农田有效灌溉面积减少量为742.85千公顷，其中由于农田水利工程老化、毁损造成的减少量为245.13千公顷，占农田有效灌溉面积减少量的33.00%。

表4－3　农田有效灌溉面积减少量及来源

单位：千公顷

年份	农田有效灌溉面积减少量	导致农田有效灌溉面积减少的原因					
		工程老化、毁损	机井报废	建设占地	长期水源不足	退耕	其他
2000	678.11	71.19	250.46	91.54	—	7.89	257.03
2001	665.58	306.33	10.88	112.93	—	48.00	187.44
2002	901.21	325.95	12.27	197.74	—	141.17	224.08
2003	1183.39	404.32	19.96	216.77	—	228.24	314.10
2004	808.45	281.74	14.98	206.02	—	100.59	205.12
2005	697.34	237.31	14.91	199.94	—	68.43	176.75
2006	796.86	183.12	—	123.67	100.06	39.69	350.32
2007	608.63	192.26	—	125.89	54.62	51.93	183.93
2008	648.41	239.55	—	97.04	96.52	22.95	192.35
2009	742.85	245.13	—	126.19	79.36	25.62	266.55

资料来源：《中国水利统计年鉴2010》。

从变化趋势来看，2000～2003年，由于农田水利工程老化、毁损造成的有效灌溉面积减少量呈现明显的增加态势，从71.19千公顷增加到404.32千公顷，增加了333.13千公顷；其所占比例从10.50%增加到34.17%，增加了23.67个百分点，其中2001年的比例高达46.02%。到2006年，水利工程老化、毁损造成的减少量呈现递减态势，减少到183.12千公顷，比例下降到22.98%，下降了11.19个百分点。2006年后，由于农田水利工程老化等造成的农田有效灌溉面积减少量又呈现出递增态势，其间增加了62.01千公顷，所占比例上升了10.02个百分点（见表4-3、表4-4、图4-5）。

表4-4　农田有效灌溉面积减少量中不同来源所占比例

单位：%

年份	工程老化、毁损	机井报废	建设占地	长期水源不足	退耕	其他
2000	10.50	36.94	13.50	0.00	1.16	37.90
2001	46.02	1.63	16.97	0.00	7.21	28.16
2002	36.17	1.36	21.94	0.00	15.66	24.86
2003	34.17	1.69	18.32	0.00	19.29	26.54
2004	34.85	1.85	25.48	0.00	12.44	25.37
2005	34.03	2.14	28.67	0.00	9.81	25.35
2006	22.98	0.00	15.52	12.56	4.98	43.96
2007	31.59	0.00	20.68	8.97	8.53	30.22
2008	36.94	0.00	14.97	14.89	3.54	29.66
2009	33.00	0.00	16.99	10.68	3.45	35.88

资料来源：《中国水利统计年鉴2010》。

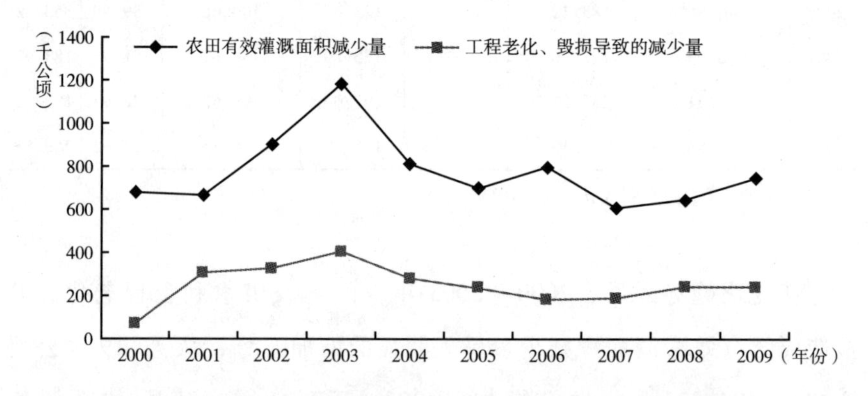

图4-5　农田水利工程老化等导致的有效灌溉面积减少情况

表4－5及图4－6是2009年不同水源区水利工程老化等原因减少的有效灌溉面积情况。从绝对量来看，农田有效灌溉面积减少最多的区域是淮河区，为188.65千公顷，占全部减少面积的25.40%；其次是长江区、海河区，农田有效灌溉面积减少量分别为135.98千公顷和130.34千公顷，分别占全部减少面积的18.30%和17.55%。2009年因农田工程老化、毁损而减少的农田有效灌溉面积为245.14千公顷中，淮河区减少的有效灌溉面积最多，为118.34千公顷，占全部减少面积的48.27%；其次是海河区、黄河区，减少的有效灌溉面积分别为34.37千公顷和27.19千公顷，分别占全部减少面积的14.02%和11.09%。从分区域相对量来看，淮河区因农田水利工程老化、毁损减少的有效灌溉面积占本区域农田有效灌溉面积减少量的比例最大，为62.73%；其次是松花江区、辽河区，其比例分别为47.74%和42.62%。

表4－5　2009年各水源区工程问题导致的有效灌溉面积减少

单位：千公顷，%

水资源一级区	农田有效灌溉面积减少量	工程老化、毁损减少的有效灌溉面积	所占比例
松花江区	56.89	27.16	47.74
辽河区	24.33	10.37	42.62
海河区	130.34	34.37	26.37
黄河区	77.93	27.19	34.89
淮河区	188.65	118.34	62.73
长江区	135.98	16.27	11.96
东南诸河区	12.45	2.77	22.25
珠江区	23.08	3.47	15.03
西南诸河区	34.59	1.08	3.12
西北诸河区	58.62	4.12	7.03
合　计	742.86	245.14	33.00

资料来源：《中国水利统计年鉴2010》。

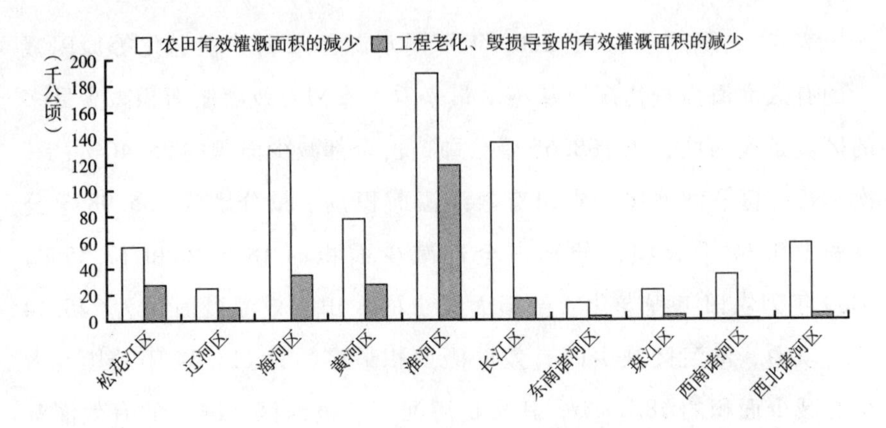

图 4－6　不同区域农田水利工程老化等导致的有效灌溉面积减少情况

第二节　中国节水农业的发展及技术应用

一　节水农业发展概况

早在 20 世纪 60 年代，中国就开始了节水灌溉技术的研究和推广。20 世纪 90 年代，随着干旱缺水问题的日趋严重，中国节水农业开始加速发展。1996 年，经国务院批准，“九五”期间在全国建设 300 个节水增产重点县。节水农业的发展，逐渐从小面积试点，转向较大面积的集中连片；从田间节水，开始转向全面节水。到 1998 年，全国节水灌溉面积已达 1523.5 万公顷，其中喷灌、滴灌、管道输水面积分别达到 159.5 万公顷、14.2 万公顷和 523.2 万公顷。仅 1999 年，全国新增节水灌溉面积就超过 106.7 万公顷。有些地方已经初步形成了具有特色的节水农业发展模式。2001 年农业部出台了加快西部农业发展的 10 大措施，其中之一就是要大力发展旱作节水农业。2004 年大型灌区续建配套与节水改造完成干支渠骨干渠道衬砌防渗 1300 千米，改造、加固、配套建筑物7800余座，新增年节水能力11亿立方米。

2005年全国节水灌溉面积为21338.18千公顷，2009年为25755.11千公顷，比2005年增加了4416.93千公顷，增长了20.70%。其中，北部沿海地区节水灌溉面积最大，但与2005年相比，2009年仅增长了9.87%。增长率超过20%的地区有：东北地区，增长率为43.22%；大西北地区，增长率为28.23%；南部沿海地区，增长率为24.51%；黄河中游地区，增长率为21.04%；西南地区，增长率为20.20%（见表4-6）。

表4-6　不同区域2005年、2009年节水灌溉面积

单位：千公顷，%

地区	2005年	2009年	增长率
北部沿海地区	4790.76	5263.80	9.87
东北地区	2077.51	2975.44	43.22
东部沿海地区	2432.72	2744.96	12.84
南部沿海地区	664.17	826.93	24.51
黄河中游地区	4372.35	5292.29	21.04
长江中游地区	1454.82	1734.62	19.23
西南地区	2422.28	2911.61	20.20
大西北地区	3123.57	4005.46	28.23
总计	21338.18	25755.11	20.70

资料来源：根据《2010中国水利统计年鉴》中的相关数据计算得到。

不同地区节水灌溉面积的变化存在一定差异。节水灌溉面积最多的为北部沿海地区，而最少的为南部沿海地区，但节水灌溉面积增长最快的则是东北地区，增长率为43.22%，而北部沿海地区增长率仅为9.87%。

虽然中国节水农业的发展已见成效，但是仍然处于起步阶段，基础依然薄弱。全国节水灌溉面积仅占有效灌溉面积的30%左右。农业用水的主要方式仍然是大水漫灌，农业用水的利用率仅为40%左右，远远低于先进国家80%的水平。农业用水的利用效率更低，以粮食为例，每立方米净耗水生产的粮食不足1千克，远远低于一些发达国家的水平（2~3千克）。

中国是农业大国，农业需水量大，而水资源却日益紧缺，昭示了发展节水农业的强大需求。这种强大的需求，与其薄弱的现有基础相结合，昭示了发展节水农业具有巨大的潜力。有关资料显示，中国通过发展现代高效节水农业，可以在现有耕地规模和灌溉用水量的基础上，满足今后16亿人口的农产品需要。在大田漫灌式的灌水方式下，一些农田每亩地需用800立方米的水，而按照节水农业的用水标准，只需要200立方米。目前，全国灌溉用水的平均利用率，如果提高10%，每年即可节约400亿立方米水，相当于全国每年农业用水量的10%，可以大大缓解农业生产中的水资源供需矛盾。

二　节水农业采用的主要技术

目前，中国节水农业发展中经常采用的技术主要包括地面灌溉、喷灌、微灌、低压管灌、渠道防渗、雨水利用技术等。

（一）地面灌溉技术

地面灌溉技术是目前应用面积最广的一种灌水技术，也是世界上应用最广的一种灌水技术，中国灌溉面积中大约有97%采用地面灌溉。自20世纪60年代开始，在广大北方地区开展了地面灌水技术研究与推广工作；70年代，提出了小畦灌、长畦灌、分段灌及细流沟灌等多种改进后的地面灌水技术，并在河北、河南、山东、陕西等省推广应用；80年代后期从美国引进了波涌灌技术，并结合地面覆盖，开发了膜上灌水技术，节水增产效果显著。有关研究结果表明，如果操作得当，畦田、沟的规格适宜，田间水利用系数可达到0.8以上，灌溉定额可大幅度下降。

（二）喷灌技术

喷灌是喷洒灌溉的简称，是利用专门的系统将水加压后送到田间，通过喷洒器将水喷射到空中，并使水分散成细小水滴后均匀地洒落到田间进行灌溉的一种灌水方法。同传统的地面灌水技术相比较，它具有适应性强，控制性强，且不易产生地表径流和深层渗漏等优点。有关研究结果表明，喷灌与传统地面灌水技术相比，可节水25%～40%，且灌溉均匀，质量高；减少占地，能扩大播种面积10%～20%；不需平整土地，省时省工；能调节田间的小气候，提高农产品的品质，以及对某些作物病虫害起到防治作用；实施喷灌技术，有利于促进灌溉机械化、自动化。但喷灌技术受风的影响大，且能耗大，一次性投资高，这是影响喷灌技术快速发展的主要原因。喷灌系统投资，固定式为15000～18000元/公顷，半固定式为9000～12000元/公顷，移动式轻小型机组为3000元/公顷，大型喷灌机为3000～6000元/公顷。中国自20世纪70年代开始发展喷灌技术以来，喷灌设备生产已具备一定的规模，生产能力基本上可以满足现阶段喷灌发展的需求，甚至还有部分出口，但在产品种类、材质、性能等方面与发达国家仍有相当大的差距。

（三）微灌技术

微灌技术是一种新型的节水灌溉技术，包括滴灌、微喷灌和涌泉灌。微灌具有节水省能、灌水均匀、水肥同步、适应性强、操作方便等优点，比地面灌溉节水30%～50%，甚至超过60%，比喷灌节水15%～20%，比喷灌能耗低。由于采用压力管道输水，可适用于山区、坡地、平原等各种地形条件。微灌系统不需平整土地和开沟打畦，可实现自动控制灌水，大大减少了灌水对劳动力的需求。但微灌系统建设的一次性投资太大，且灌水器易堵塞等。如果园固定式微灌投资12000～15000元/公顷，大田固定式微灌投资为9000～12000元/公顷，保护地栽培微灌投资15000～18000元/公顷。中国微灌技术自1974年开始发展以来，大致经历了引进、消化和试制（1974～1980年）、深入研究和缓慢发展（1980～1990年）、快速发展（1990

年以后）三个阶段。目前，在微灌技术领域，中国先后研制和改进了等流量滴灌设备、微喷灌设备、微灌带、孔口滴头，压力补偿式滴头、折射式和旋转式微喷头、过滤器和进排气阀等设备，总结出了一套基本适合中国国情的微灌设计参数和计算方法，建立了一批新的试验示范基地，建立了一批微灌设备企业。据初步估计，中国微灌设备产品的生产能力，从数量上讲，完全可以满足中国发展微灌的需要，但质量上仍与国外先进水平存在较大差距，这也是中国目前大量微灌产品依靠进口的主要原因。

（四）低压管道输水技术

低压管道输水技术，简称“管灌”，是利用低压输水管道将水直接输送到田间沟畦灌溉作物，以减少输送过程中水的渗漏和蒸发损失的节水技术。它具有省水、节能、节地、易管理，且省工省时等优点。同时，投资相对较低，采用 PVC 管道，平均投资 3750 元/公顷。以管代渠，可使渠系水利用系数提高到 92% ~95%，使毛灌水定额减少 30% 左右，节约能耗 25% 以上。低压暗管输水可减少占地，提高土地利用率，一般在井灌区可减少占地 2% 左右，在扬水灌区可减少占地 3% 左右。由于输水管道埋于地下，便于机耕及养护，耕作破坏和人为破坏大大减少，加之管道输水速度明显高于土渠，灌溉速度大大提高，可显著提高灌水效率，并且管理方便，省工省时。中国自 20 世纪 50 年代就开始对管道输水灌溉技术试点应用，至 1997 年，中国北方地区该项技术已推广 266.7 万公顷。该技术除在井灌区得到推广应用外，近年来，在渠灌区和扬水灌区也取得了一定进展。

（五）渠道防渗技术

中国每年因渠道输水渗漏损失的水量高达 1500 亿立方米，相当于 3 条黄河的年水量。土渠道输水渗漏损失占引水量的 50% ~60%，一些较差的损失高达 70%。与土渠相比，混凝土护面可减少渗漏损失 80% ~90%，浆砌石衬砌可减少渗漏损失 60% ~70%，塑料薄膜防渗可减少 90% 以上。有关资料显示，混凝土衬砌渠道成本仅为 20～30元/平方米，砌石类衬砌由于可以采用当地材料，造价更低。

渠道防渗技术是中国应用推广面积较大的一项技术，据统计，防渗渠道衬砌总长度为 55 万公里，占渠道总长度的 18%，控制面积 0.1 亿公顷。纵观目前渠道防渗技术与方法，所使用的防渗材料大致可划分为土料压实防渗、三合土料护面防渗、石料衬砌防渗、混凝土衬砌防渗、塑料薄膜防渗和沥青护面防渗 6 种，其中混凝土衬砌防渗是使用最为广泛的一种渠道防渗措施，防渗效果好，使用寿命长，特别是使用混凝土“U”形渠槽防渗还可以提高渠道流速和输沙能力。中国渠道防渗已经形成了一套相对配套的技术体系，但与世界先进水平相比，仍存在很多问题，例如衬砌技术成本较高，中、小型渠道开挖与衬砌施工机械性能差，满足不了生产实际的需要。

（六）雨水利用技术

雨水利用技术实际上是雨水资源化的过程，它是以降雨地表径流调控为手段，提高雨水的利用率和利用效率的一项技术。从实现的手段来看，它可以划分为大气降水调控（如人工增雨技术）、地表径流调控（如雨水汇集利用技术）和土壤入渗调控技术（如强化土壤入渗技术）。从利用的方式上看，可分为雨水就地利用技术（将雨水就地直接转化为土壤水）、叠加利用技术（将多个地块雨水叠加于某一地块之上）和异地利用技术（通过提高地表产流能力，将径流引入人工存贮设施中存贮备用）。雨水利用是一项投资少、发展迅速的技术，特别是 20 世纪 80 年代后期以来，在干旱频发、水资源日益紧缺的情况下，这项技术得到了迅猛发展。但雨水利用技术具有非常明显的区域特征，主要集中在干旱半干旱山丘地区、喀斯特地区，且主要应用于生活用水和农业用水的收集。雨水利用技术应用比较成功的范例有甘肃省的“121”集雨节灌工程、内蒙古的“112”集雨工程、宁夏的窑窖农业工程，以及陕西的窖灌农业工程等。这些工程主要采取硬化路面，或修筑人工集雨场，强化地表产流强度，修筑存水设施存贮地表径流，采用先进灌水技术灌溉农田，提高水的利用率和利用效率。工程实施多采用政府资助、群众投劳的方式，大约每窖政府补助300~500元。该项技术效益十分显著，根据中国科学院水利部水土保持研究所在甘肃省定西县3年田间的试验结果，对春小麦在苗期和拔节后期采取滴灌技术补灌2次，次灌水15~45毫米，增产23%~62%，灌水利用效率达到3.25~4.8千克/立方米；膜下滴灌条件下，玉米抽雄扬花期补充灌水22~30毫米，灌水利用效率达到3.25~6.88千克/立方米。

（七）劣质水利用技术

在水资源日益紧张的今天，劣质水源的充分利用对于城郊节水农业的发展也不失为一笔相当大的资源。根据中国北方地区的特点，劣质水在农田灌溉中的应用主要有以下三种：一是城市污水；二是矿化度较高的苦咸水；三是高含沙量浑水。我国在劣质水开发利用方面已有较为成功的经验，如高含沙浑水淤灌技术在西北黄土高原已得到较为广泛的应用。但是关于城市污水灌溉问题目前研究较少，尚未发现突破性进展。从目前技术的发展水平来看，高含沙浑水淤灌技术相对成熟，苦咸水灌溉有一定积累，尚待深化，而城市污水灌溉研究相对薄弱。根据生产需要，需继续研究高含沙浑水灌溉技术体系、苦咸水灌溉技术体系及城市污水利用灌溉问题。

（八）农艺技术

为了充分、高效利用农田水分，达到作物增产的目的，所采用的所有农业技术称之为农业节水增产配套技术，主要包括节水增产的水肥综合施用技术、蓄水保墒的耕作技术、适雨种植的作物合理布局，提高作物抗旱能力的秸秆、地膜覆盖技术，采用化学药剂抗旱、保墒技术、保水剂的应用技术，以及节水抗旱作物品种的选育、选用技术等。在依靠工程技术方法所产生的节水技术的基础之上，所发展起来的农业节水增产配套技术，充分发挥综合优势，实现节水、高产、高效是当今世界各国研究的一个重点，也是重要发展方向之一。技术的核心在于，通过水肥综合调配实现水肥综合利用效率的同步提高，达到节水增产的目的。近年来，随着生物技术的发展，生物节水调控技术也在迅速发展，并开始在节水农业中应用。如通过根源信号传输水分，调节控制作物有效光合，增加蒸腾，依靠水分的供给实现上述调控过程，以达到节水、增产，实现高水分生产率的目的。不论与世界发达国家相比，还是对照农业生产实际需求，以及技术的研究与应用方面，中国均有较大的差距。主要表现为：第一，对农业节水增产技术如何与节水灌溉技术相结合，从而形成整体优势与配套技术体系等方面的研究不够深入；第二，对各种单项农业节水增产技术如何在不同作物、不同节水灌溉条件下应用虽有研究，但尚未形成规范化、标准化技术体系；第三，在生物节水调控技术理论上虽有一定研究，但如何在生产中应用尚有一定距离，特别是转基因技术在节水抗旱品种选育方面的应用研究，与国外差距甚大；第四，现有技术的组装、集成、配套及在生产中的应用也还存在诸多问题。

（九）节水灌溉管理技术

节水灌溉管理技术是指根据作物的需求规律控制、调配水源，以最大限度地满足作物对水分的需求，实现最佳区域效益的农田水分调控管理技术。包括土壤墒情监测与预报技术、节水高效灌溉制度的制定，以区域总效益最佳为目标的灌溉预报技术、输配水与灌水量的量测和调节控制技术几个方面。节水高效灌溉制度是灌溉管理技术的基础，它是根据作物的需水规律，把有限的灌溉水量在灌区的作物生育期内进行最优分配，达到高产、高效的目的。从 20 世纪 50 年代开始，中国在此方面就进行了深入研究，编制了全国主要农作物需水量等值线图，建立了全国灌溉试验资料数据库。近年来，中国又开始节水高效灌溉制度研究，总结了一些非充分灌溉技术、抗旱灌溉技术、低定额灌溉技术和调亏灌溉技术等，并在生产中发挥了一定作用。关于灌溉预报研究，从20世纪80年代后期开始，世界上许多学者致力于此项工作。纵观中国节水灌溉管理技术水平，虽在理论研究上与国外相比差距不大，但应用技术研究差距尚大，具体表现在：第一，土壤墒情监测技术与设备，及土壤墒情预测技术；第二，非充分灌溉条件下的节水高效灌溉制度，特别是不同节水灌溉技术，如喷微灌等条件下的节水高效灌溉制度；第三，适合于中国国情的节水灌溉预报技术；第四，抗干扰和泥沙淤积能力强、水头损失小的实用量水技术与设备，尤其智能化、自动化程度较高的量水技术与设备。

表4-7是2005年及2009年全国采用各种主要节水技术所实现的节水灌溉面积情况。从表4-7中可以看出，2005年采用渠道防渗及低压管灌所实现的节水灌溉面积分别为9133.17千公顷和4991.85千公顷，分别占总节水灌溉面积的42.80%和23.39%，对该年节水灌溉的贡献最大，而喷灌、微灌及其他技术则占了剩下的近34%。2009年的情况与此相似，采用渠道防渗及低压管灌所实现的节水灌溉面积分别为11166.08千公顷和6249.35千公顷，分别占总的节水灌溉面积的43.35%和24.26%，也对该年的节水灌溉的贡献最大，喷灌、微灌及其他技术所占比例约为33%。

表4-7　2005年、2009年各种节水技术实现的节水灌溉面积

单位：千公顷，%

年份	项目	喷灌	微灌	低压管灌	渠道防渗	其他
2005	面积	2746.28	621.76	4991.85	9133.17	3845.12
	比例	12.87	2.91	23.39	42.80	18.02
2009	面积	2926.7	1669326	6249.35	11166.08	3743.71
	比例	11.36	6.48	24.26	43.35	14.54

资料来源：《2010中国水利统计年鉴》。

从表4-7中的数据可以看出，中国各地节水农业较多地采用了低压管灌和渠道防渗技术，两种技术实现的节水灌溉面积比例最高，对节水农业的贡献最大，并且2009年采用该两种方法实现的节水灌溉比例比2005年还有所提高，可见低压管灌和渠道防渗技术的采用率还在提高。原因主要与低压管灌和渠道防渗具有投资相对较低，节能、节地及较易管理，且在全国各地区均较易实施等优点密切相关。相比之下，喷灌、微灌技术虽然节水灌溉效果较高，但由于其建设投资较高，特别是微灌技术，一次性投资很高，且灌水易堵塞，故采用这两种方法的地区较少。这种现象是合理的，中国各地对节水农业技术的应用，一方面应该积极提高节水技术，引进推广高效节能的新技术新方法，另一方面更要注意因地、因物制宜，一定要结合自身的技术发展状况、经济水平及农作物经济效益，考虑本身局部灌溉的特点，选择最为适宜的节水技术。

三　节水农业发展中存在的问题

尽管中国节水农业发展已经取得了较多成就，但仍存在不少的问题，影响和制约了节水农业的发展。这些问题主要体现在以下几个方面。

（一）节水农业技术不普及

目前，中国水资源短缺与粗放低效利用并存，而水资源的粗放低效利用，又加剧了水资源的短缺程度。目前，农业灌溉用水约占全社会用水量的70%，但由于输水方式、灌溉方式、农田水利基础设施、耕作制度、栽培方式等方面的问题，中国农业用水的利用率很低，渠道灌溉区只有30%～40%，机井灌溉区也只有60%，和一些发达国家（达80%）相比有很大差距。同时，中国目前农业用水利用效率也很低，每单位净耗水的粮食生产效率不足1千克/立方米，和一些发达国家单位净耗水2～3千克/立方米的水平相比差距很大。目前黄河流域农业用水占总用水量的92%，大约有4/5的面积是大水漫灌，节水灌溉面积仅151.63万公顷，占总灌溉面积的20%。中国西部地区普遍缺水，其中西北干旱少雨，西南土层瘠薄，农业生态环境脆弱。但现状是农业用水浪费严重。

（二）节水农业发展的技术相对落后

2008年，农田灌溉用水占农业用水量的90.2%。在农田灌溉中，输水方式、灌溉方式、农田水利基础设施配套程度、耕作制度、农作物种植结构及栽培方式等，都影响农业用水利用率。目前，农业用水利用率在渠道灌溉区只有30%～40%，在机井灌溉区也只有60%，和一些发达国家（达80%）相比有很大差距。

（三）节水农业创新水平不高

从整体上看，中国节水农业技术引进的多，自主开发的少，产业化程度低，整体配套性差，如喷微灌设备、节水作业农机具，难以满足需求。中国拥有自主知识产权的节水高新技术还很少，推广国外产品，成为一些技术推广部门经营的主项目，提高农业节水创新水平，满足中国农业节水的需求，是摆在中国节水面前的重大课题。

（四）农业节水系列标准的不完善

农业节水系列标准是衡量节水农业的重要尺度，具有可操作性。尽管目前采取了多种节水农业技术措施，但如何进行衡量和度量还缺乏统一的标准和指标体系。如投资与效益的比例都没有明确界定，众说纷纭。对于一个节水工程而言，从局部来看节水效益高，但从整体上来考察则是不节水无效益的。

（五）发展节水农业的技术集成程度不足

在发展节水农业的过程中，往往只注意单项的工程技术如渠道防渗、低压管道输水、喷灌和微灌技术的推广，缺乏将这些技术和农艺措施紧密结合的综合集成技术，导致单一技术推广困难，甚至夭折现象的出现。工程节水技术与非工程节水技术相结合，形成高度集成的综合节水技术体系是当前节水农业技术发展的方向，也是许多国家研究的热点。

（六）发展节水农业的资金不足

长期以来，中国节水农业资金不足，制约了节水农业的发展。1996年，经国务院批准，“九五”期间在全国建设300个节水增产重点县。全国在此方面已投入节水灌溉资金250亿元。在旱作农业示范区建设方面，目前国家每年为此投入的资金大约为2000万元。全国农田水利基本建设共投入资金约580亿元，对213个大型灌区和23个重点中型灌区进行了续建配套节水改造，开展了150个节水示范项目、50个牧区节水灌溉试点和99个山区雨水集蓄利用项目建设。但这些资金远远不能满足需求，投资不足依然制约节水农业的发展。同时发展节水农业需要较高的金额投资保障，这使得在农户层面上难以推广，而现有的节水农业只能在灌区层面上作为示范项目进行，难以在广大灌区进行推广应用。

（七）管理薄弱、发展节水农业的保障体系不完善

政府年年强调灌溉管理问题，但改善不显著。基层灌溉管理机构自负盈亏以后，不少地方把多种经营赚钱作为管理单位的主要工作，灌溉管理反而成了副业，灌溉设备常常有损坏，工程老化失修、设备损坏严重，由于经费短缺而无力更新修复，导致灌溉效益降低。

此外，发展节水农业也受到作物种类的限制。一般而言，由于瓜果、蔬菜等经济作物附加值比较高、效益好，节水农业技术容易推广，而对于大田作物则难以推广。

确立节水农业的重点，是中国节水农业“有所为，有所不为”的具体体现，是确立投资重点的方向性问题。目前，中国节水农业的重点是在灌区的节水工程上，应该进行战略性的调整，确立节水农业发展灌区和旱区节水农业并重的节水方针，节水的重点是田间。

就粮食产量而言，灌区的产量高于旱区，就水资源利用量而言，灌区的水资源利用量很大，水资源直接取自江河或者地下，对地下水和下游会产生一定的影响。因此，尽管注重灌区节水非常重要，但不

能因此而忽视旱区节水。总体上，旱区居民生活比较贫困，但粮食潜力很大，只要充分挖掘其降水潜力，对维护中国粮食安全将至关重要，旱区节水对于增加农民收入，改善其生活条件意义重大。

无论是旱区还是灌区，节水重点应该放在田间，通过农艺等多种措施，减少无效蒸发，提高水资源利用率。

因此，中国今后应当针对目前节水农业建设中存在的问题，进一步加强农业综合开发等措施，强化政府的投入责任，尽快建立以政府为主导的多元融资机制，调动全社会参与发展节水农业的积极性，同时建立完善的用水计量体系、长效的节水农业机制及适合中国国情的节水农业技术体系，还要将发展节水农业与促进农业结构的战略性调整、加快农村税费改革结合起来，将发展节水农业与治理农业污染结合起来，从多方面入手促进节水农业的不断发展。

综上所述，在节水灌溉方面，目前我国偏重工程技术措施的开发和引进，而对这些技术的应用方面没有给予足够的重视。主要表现在：其一，由于配套措施不完善，已有的节水技术不能够被实践所采用；其二，技术的研发和实践的需求相脱节，研发出来的技术并不是实践所需求的，实践所需求的技术得不到供给；其三，即使有些技术与实践需求相吻合，但是由于管理措施缺失，也难以发挥应有的效果。

在节水农业发展方面，目前，农业用水利用率在渠道灌溉区只有30%～40%，在机井灌溉区也只有60%，和一些发达国家（达80%）相比有很大差距。

同时，从整体上看，我国节水农业技术引进的多，自主开发的少，产业化程度低，整体配套性差，如喷微灌设备、节水作业农机具，难以满足需求。中国拥有自主知识产权的节水高新技术还很少，推广国外产品，成为一些技术推广部门经营的主项目。提高农业节水创新水平，满足中国农业节水的需求，是摆在中国节水面前的重大课题。

农业节水系列标准是衡量节水农业的尺子，具有可操作性。尽管目前采取了多种节水农业技术措施，但如何进行衡量和度量还缺乏统一的标准和指标体系。

在发展节水农业的过程中，往往只注意单项的工程技术如渠道防渗、低压管道输水、喷灌和微灌技术的推广，缺乏将这些技术和农艺措施紧密结合的综合集成技术，导致单一技术的推广出现困难，甚至出现夭折现象。工程节水技术与非工程节水技术相结合，形成高度集成的综合节水技术体系是当前节水农业技术发展的方向，也是许多国家研究的热点。

第三节　农民对节水技术应用的意愿分析

一　样本统计学特征

为了分析农民对节水技术应用的意愿，本项目选择了山东省鄄城县、东明县的10个乡镇、20个村庄的200个农户进行了调研，取得有效问卷198份。在访谈的198个农民中，男性为183个，占92.42%；女性为15个，占7.58%。

从年龄结构看，30岁及以下的7人，占3.54%；31~40岁的39人，占19.70%；41~50岁的54人，占27.27%；51~60岁的52人，占26.26%；60岁以上的46人，占23.23%（见图4-7）。

从文化程度结构看，小学文化程度以下的32人，占16.16%；小学文化程度的36人，占18.18%；初中文化程度的77人，占38.89%；高中文化程度的45人，占22.73%；高中以上文化程度的8人，占4.04%。

在198个访谈对象中，参加过技术培训的有51人，占25.76%；其余的146人没有参加过技术培训，占73.74%。其中有46人担任村

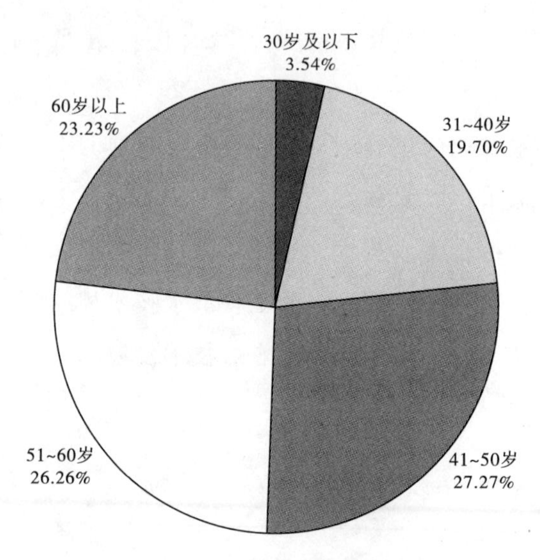

图 4－7 调研样本年龄结构

干部，占 23.23%。

调研的主要问题包括污水灌溉情况、农业灌溉方式变革意愿、农田水利设施建设意愿、节水技术应用意愿。

二 农业灌溉用水及其设施情况评价

在农业灌溉保障程度方面，认为农业灌溉保障程度一直良好的有60 人，占 30.30%；认为农业灌溉保障程度在下降的有 82 人，占41.41%；还有 53 人认为农业灌溉保障程度没有变化，占 26.77%；没有回答的有 3 人，占 1.52%。

在问到目前的灌溉方式中用水量如何时，有 40 人认为灌溉用水量过多，占 20.20%；99 人认为灌溉用水量适中，占 50.00%；58 人认为灌溉用水量不足，占 29.29%；1 人没有回答，占 0.51%。

如果要减少目前的灌溉用水量，需要采取什么样的方式？对此 5人选择改变种植结构，占 2.53%；139 人选择改变灌溉方式，占70.20%；28 人选择改变输水方式，占 14.14%；选择其他及没有回答的各 13 人，均占 6.57%。在案例调查地，以往的灌溉方式均是大水漫灌，输水渠道大多是没有衬砌的土渠，不但造成严重的渗漏，而且实现从水源到田间需要较多的时间。因此，选择改变灌溉方式及输水方式的人较多。由此可见，农民在减少灌溉水量方面的认识还是比较明确的。改变种植结构可以减少灌溉水量，这是应对水资源短缺的农学措施。如一些地方“水改旱”的方式，就可以极大地节约水资源。但鄄城县、东明县传承种植结构就是冬季小麦、夏季玉米，而且随着农村劳动力外出务工，这种种植结构更加稳定。

既然农民知道要减少灌溉用水量，需要改变输水方式及灌溉方式，那么农民是否愿意改变目前的灌溉方式呢？调查结果表明，198 个访谈对象中有 172 人表示愿意，占 86.87%；不愿意改变灌溉方式的有 12 人，占 6.06%；认为灌溉方式是否改变都无所谓的有 13 人，占 6.57%；1 人没有回答，占 0.51%。

在 198 个农户中，有 21 户采用过污水灌溉农田，占 10.61%。在这 21 户中，污水灌溉造成农作物绝收的有 5 户，占 23.81%；造成农作物减产的有 12 户，占 57.14%；对农作物产量影响不大的有 4 户，占 19.05%。针对如此情况，其中 6 户农户进行了投诉，占 28.57%；其余 15 户没有进行投诉，在与农户的交谈中了解到，农民认为投诉也不会起太大作用，原因在于造成水资源污染的企业都是地方政府大力引进的，政府在应对这些问题时会偏向于从企业角度考虑，导致问题得不到公正解决，农民更多地选择被动接受现实。

在投诉的 6 个农户中，有 4 户到乡政府进行投诉，2 户到县政府进行投诉，其中有 3 户农户投诉之后问题得到了解决，采取按照灌溉面积进行补偿的只有 1 户，因而该户对解决方式感到满意，其余 2 户是给予少量经济补偿，而没有考虑灌溉面积及产量，因而他们对解决方式不满意。农民在获得补偿之时，更多地考虑自身单个季节农业生产收益的降低，而没有考虑到污水灌溉之后，对土壤质量、地下水等资源的污染，以及对其后季节农业生产造成的损失。

有 64 人认为农田水利设施状况一直处于良好状态，占 32.32%；有 72 人认为农田水利设施状况越来越差，占 36.36%；58 人认为农田水利设施状况没有变化，占 29.29%；没有回答的有 4 人，占 2.02%。

179 人认为农田水利设施需要进一步加强，占 90.40%；有 8 人认为不需要加强，占 4.04%；8 人认为农田水利设施是否加强都无所谓，占 4.04%；3 人没有回答，占 1.52%。如果加强农田水利设施建设，有 85.35% 的人愿意出钱，有 87.88% 的人愿意出工。这些数据表明，处于粮食主产区的农民，对农田水利设施比较关注，更愿意进一步改善灌溉条件，确保农业生产灌溉用水。

三　农民采用节水技术的原因分析

（一）总体情况分析

调研数据表明，198 个访谈对象中采用了节水技术的只有 20 个，占访谈对象总数的 10.10%。

按年龄划分的话，30 岁及以下的有 1 人，占 5.00%；31～40 岁的有 5 人，占 25.00%；41～50 岁的有 5 人，占 25.00%；51～60 岁的有 4 人，占 20.00%；60 岁以上的有 5 人，占 25.00%。

按文化程度划分的话，小学以下文化程度的有 1 人，占 5.00%；小学文化程度的有 5 人，占 25.00%；初中文化程度的有 11 人，占 55.00%；高中文化程度的有 3 人，占 15.00%。

按照是否参加过技术培训划分，其中 6 人参加过技术培训，占 30.00%；没有参加过技术培训的有 14 人，占 70.00%。

本研究在问卷中设置了采取节水技术的几个原因供选择，最多可以选择 5 个。结果表明，认为“可以节约用水”的有 10 人，占 50.00%；认为“可以节省劳力”的有 15 人，占 75. 00%；认为“可以节省化肥”“节省种子”的各有 2 人，各占 10.00%；认为

“可以节约水费”的有4人，占20.00%；认为“可以增加产量”的有13人，占65.00%。传统农田灌溉方式中，从水源到田间输水是土渠，需要较多的劳动力来回巡查，以避免渠道决口；同时，在田间大水漫灌时，由于地块平整程度不一，为了避免跑水，需要对地块两边的田埂进行及时观测，发现问题及时修补。因此，较多的农民认为节水技术可以节省劳动力。农民认为采取节水技术的另一重要原因是增加产量。访谈时了解到，农民之所以认为节水灌溉可以增加产量，是由于经常遇到在传统灌溉模式下，一旦灌溉之后遇到降雨，往往出现洪涝，导致农作物减产。而节水技术则可以根据作物需水量进行灌溉，即使遇到降雨，也不会造成洪涝灾害，实现农作物的增产。

（二）不同年龄阶段农民采用节水技术的原因分析

为了分析不同群体选择节水技术原因的差异，选择年龄、文化程度两个指标特征进行分析，结果见表4－8、表4－9。

表4－8　不同年龄阶段农民采用节水技术原因分析

单位：人，%

年龄范围	可以节约用水	可以节省劳力	可以节省化肥	可以节省种子	可以节省水费	可以增加产量
30岁及以下	—	1 6.67	—	—	1 25.00	—
31～40岁	3 30.00	4 26.67	1 50.00	—	—	2 15.38
41～50岁	4 40.00	2 13.33	—	2 100	1 25.00	3 23.08
51～60岁	2 20.00	4 26.67	—	—	1 25.00	3 23.08
60岁以上	1 10.00	4 26.67	1 50.00	—	1 25.00	5 38.46
合　计	10	15	2	2	4	13

资料来源：实地调研。

选择节水技术“可以节约用水”的10人中，其年龄分布如下：31~40岁的3人，占30.00%；41~50岁的4人，占40.00%；51~60岁的2人，占20.00%；60岁以上的1人，占10.00%。

选择节水技术“可以节省劳力”的15人中，其年龄分布如下：30岁及以下的1人，占6.67%；31~40岁的4人，占26.67%；41~50岁的2人，占13.33%；51~60岁的4人，占26.67%；60岁以上的4人，占26.67%。

选择节水技术“可以节省化肥”的2人中，其年龄分布如下：31~40岁的1个，占50.00%；60岁以上的1人，占50.00%。

选择节水技术“可以节省种子”的2人均处于41~50岁年龄阶段。

选择节水技术“可以节省水费”的4人中，其年龄分布如下：30岁及以下、41~50岁、51~60岁、60岁以上各1人，各占25.00%。

选择节水技术“可以增加产量”的13人中，其年龄分布如下：31~40岁的2人，占15.38%；41~50岁的3人，占23.08%；51~60岁的3人，占23.08%；60岁以上的5人，占38.46%。

上述数据还表明：每个年龄阶段的人都认为选择节水技术可以节约劳动力；31~40岁、41~50岁、51~60岁三个年龄阶段的人还较多地认为采用节水技术可以节约用水；60岁以上的人更多地选择可以节约劳动力、增加产量。

（三）不同文化程度的农民采用节水技术的原因分析

从表4-9可以看出，选择节水技术“可以节约用水”的10人中，其文化程度分布如下：小学文化程度的1个，占10.00%；初中文化程度的7人，占70.00%；高中文化程度的2人，占20.00%。

选择节水技术“可以节省劳力”的15人中，其文化程度分布如下：小学以下文化程度的有 1 人，占 6.67%；小学文化程度的有 4 人，占 26.67%；初中文化程度的有 7 人，占 46.66%；高中文化程度的有 3 人，占 20.00%。

选择节水技术“可以节省化肥”“可以节省种子”的各有 2 人，均是初中文化程度。

选择节水技术“可以节省水费”的 4 人中，小学文化程度的有 1 人，占 25.00%；初中文化程度的 3 人，占 75.00%。

选择节水技术“可以增加产量”的 13 人中，其文化程度分布如下：小学以下文化程度的有 1 人，占 7.69%；小学文化程度的有 3 人，占 23.08%；初中文化程度的有 7 人，占 53.85%；高中文化程度的有 2 人，占 15.38%。

表 4-9　不同文化程度农民采用节水技术原因分析

单位：人，%

文化程度	可以节约用水	可以节省劳力	可以节省化肥	可以节省种子	可以节省水费	可以增加产量
小学以下	—	1 6.67	—	—	—	1 7.69
小　学	1 10.00	4 26.67	—	—	1 25.00	3 23.08
初　中	7 70.00	7 46.66	2 100.00	2 100.00	3 75.00	7 53.85
高　中	2 20.00	3 20.00	—	—	—	2 15.38
合　计	10	15	2	2	4	13

资料来源：实地调研。

从表 4-9 中还可以看出，初中文化程度的农民对选择节水技术的原因进行了很好的思考，但更多地选择了可以节约用水与节约劳动力，高中文化程度的农民也同样较多地选择了可以节约用水与节约劳动力。

四　农民不采用节水技术的原因分析

（一）总体情况分析

调研数据表明，198 个访谈对象中没有采用节水技术的 178 个，占访谈对象的 89.90%。

按年龄划分的话，30 岁及以下的有 6 人，占 3.37%；31～40 岁的有 34 人，占 19.10%；41～50 岁的有 49 人，占 27.53%；51～60 岁的有 48 人，占 26.97%；60 岁以上的有 41 人，占 23.03%（见图 4－8）。

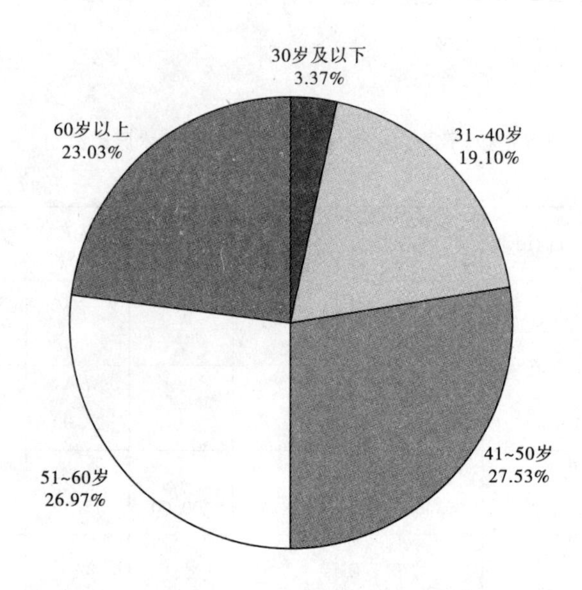

图 4－8　没有采用节水技术人员的年龄分布

按文化程度划分的话，小学以下文化程度的有 31 人，占 17.42%；小学文化程度的有 31 人，占 17.42%；初中文化程度的有 66 人，占 37.08%；高中文化程度的有 42 人，占 23.60%；高中以上文化程度的有 8 人，占 4.49%（见图 4－9）。

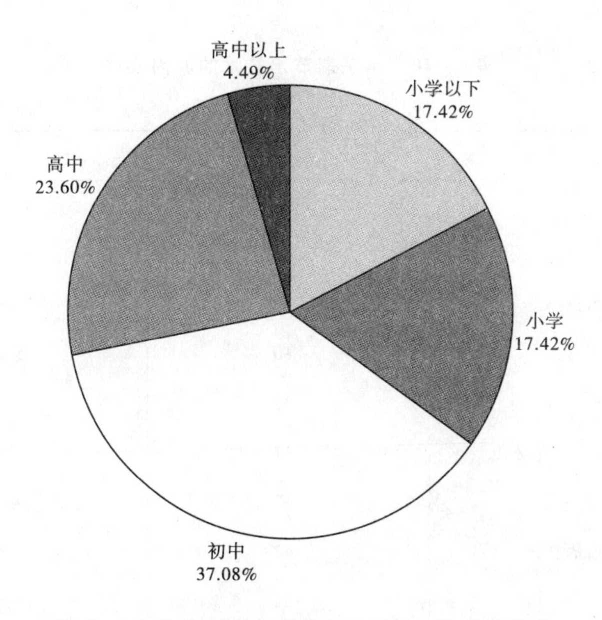

图 4-9　没有采用节水技术人员的文化程度分布

按照是否参加过技术培训划分，其中 46 人参加过技术培训，占 25.84%；没有参加过技术培训的 132 人，占 74.16%。

本研究的问卷提出了 8 种不采取节水技术的原因，请访谈对象根据自己的情况进行选择，最多选择 5 个。结果表明，在 178 个访谈对象中，选择“缺乏资金”的有 105 人，占 58.99%；选择“技术要求太高”的有 59 人，占 33.15%；选择“不知道技术信息”的有 63 人，占 35.39%；选择“种植结构不合适”的有 10 人，占 5.62%；选择“日常管理成本高”的有 32 人，占 17.98%；选择“水资源充足，没有必要”的有 17 人，占 9.55%；选择“家中劳动力缺乏”的有 17 人，占 9.55%；选择“得不到政府的补贴”的有 47 人，占 26.40%；选择其他原因（如缺少设备、缺少组织）的有 24 人，占 13.48%（见表 4-10）。

（二）不同年龄阶段农民不采用节水技术的原因分析

与分析农民采用节水技术的原因一样，这里也选择年龄、文化程度两个指标特征进行分析，结果见表 4-11、表 4-12。

表 4－10　不采取节水技术的原因构成

单位：人，%

原　因	人　数	比　例
缺乏资金	105	58.99
技术要求太高	59	33.15
不知道技术信息	63	35.39
种植结构不合适	10	5.62
日常管理成本高	32	17.98
水资源充足，没有必要	17	9.55
家中劳动力缺乏	17	9.55
得不到政府的补贴	47	26.40
其他	24	13.48

资料来源：2010 年 5 月实地调研。

表 4－11　不同年龄阶段农民不采用节水技术原因分析

单位：人，%

年　龄	30 岁及以下		31～40 岁		41～50 岁		51～60 岁		60 岁以上		合计
	人	比例	人	比例	人	比例	人	比例	人	比例	人
缺乏资金	4	3.81	23	21.90	26	24.76	30	28.57	22	20.95	105
技术要求太高	3	5.08	15	25.42	10	16.95	20	33.90	11	18.64	59
不知道技术信息	2	3.17	11	17.46	13	20.63	23	36.51	14	22.22	63
种植结构不合适	1	10.00	3	30.00	3	30.00	1	10.00	2	20.00	10
日常管理成本高	2	6.25	4	12.50	10	31.25	10	31.25	6	18.75	32
水资源充足，没有必要	—	—	4	23.53	5	29.41	3	17.65	5	29.41	17
家中劳动力缺乏	—	—	—	—	5	31.25	4	25.00	7	43.75	16
得不到政府的补贴	3	6.38	10	21.28	13	27.66	12	25.53	9	19.15	47
其他	1	4.17	3	12.50	4	16.67	6	25.00	10	41.67	24

资料来源：2010 年 5 月实地调研。

从表 4-11 可以看出，对于不采用节水技术的原因，178 人中选择“缺乏资金”的有 105 人，选择“技术要求太高”的有 59 人，选择“不知道技术信息”的有 63 人，选择“日常管理成本高”的有 32 人，选择“得不到政府补贴”的有 47 人，分别占 58.99%、33.15%、35.39%、17.98%、26.40%。选择其他几个原因的人数相对较少。和传统的漫灌、井灌相比，节水灌溉的使用成本较高，对于相对贫困落后的农村，要想单凭农业的收入去建设节水灌溉系统是不现实的。与此同时，节水灌溉技术含量较高，需要大量的节水灌溉技术人员去扶持，农民自身的素质难以满足节水灌溉的要求。对于新技术的采用，农民更多地关注政府是否有相应的补贴，而且更关注能否得到这些补贴。

在选择“缺乏资金”的 105 人中，30 岁及以下的有 4 人，占 3.81%；31～40 岁的有 23 人，占 21.90%；41～50 岁的有 26 人，占 24.76%；51～60 岁的有 30 人，占 28.57%；60 岁以上的有 22 人，占 20.95%。

在选择“技术要求太高”的 59 人中，30 岁及以下的有 3 人，占 5.08%；31～40 岁的有 15 人，占 25.42%；41～50 岁的有 10 人，占 16.95%；51～60 岁的有 20 人，占 33.90%；60 岁以上的有 11 人，占 18.64%。

在选择“不知道技术信息”的 63 人中，30 岁及以下的有 2 人，占 3.17%；31～40 岁的有 11 人，占 17.46%；41～50 岁的有 13 人，占 20.63%；51～60 岁的有 23 人，占 36.51%；60 岁以上的有 14 人，占 22.22%。

在选择“日常管理成本高”的 32 人中，30 岁及以下的有 2 人，占 6.25%；31～40 岁的有 4 人，占 12.50%；41～50 岁的有 10 人，占 31.25%；51～60 岁的有 10 人，占 31.25%；60 岁以上的有 6 人，占 18.75%。

在选择“得不到政府的补贴”的47人中，30岁及以下的有3人，占6.38%；31～40岁的有10人，占21.28%；41～50岁的13人，占27.66%；51～60岁的有12人，占25.53%；60岁以上的有9人，占19.15%。

（三）不同文化程度的农民不采用节水技术的原因分析

表4－12　不同文化程度农民不采用节水技术原因分析

单位：人，%

年　龄	小学以下		小　学		初　中		高　中		高中以上		合计
	人	比例	人	比例	人	比例	人	比例	人	比例	人
缺乏资金	18	17.14	18	17.14	37	35.24	27	25.71	5	4.76	105
技术要求太高	11	18.64	8	13.56	20	33.90	17	28.81	3	5.08	59
不知道技术信息	15	23.81	9	14.29	20	31.75	16	25.40	3	4.76	63
种植结构不合适	1	10.00	—	—	6	60.00	3	30.00	—	—	10
日常管理成本高	6	18.75	2	6.25	13	40.63	8	25.00	3	9.38	32
水资源充足，没有必要	3	17.65	5	29.41	8	47.06	1	5.88	—	—	17
家中劳动力缺乏	3	18.75	7	43.75	4	25.00	1	6.25	1	6.25	16
得不到政府的补贴	8	17.02	5	10.64	18	38.30	11	23.40	5	10.64	47
其他	6	25.00	2	8.33	9	37.50	6	25.00	1	4.17	24

资料来源：2010年5月实地调研。

从表4－12可以看出，选择“缺乏资金”的105人中，其文化程度的分布如下：小学以下文化程度的有18人，占17.14%；小学文化程度的有18人，占17.14%；初中文化程度的有37人，占35.24%；高中文化程度的有27人，占25.71%；高中以上文化程度的有5人，占4.76%。

选择“技术要求太高”的59人中，其文化程度分布为：小学以下文化程度的有11人，占18.64%；小学文化程度的有8人，占13.56%；初中文化程度的有20人，占33.90%；高中文化程度的有17人，占28.81%；高中以上文化程度的有3人，占5.08%。

选择“不知道技术信息”的63人中，其文化程度分布为：小学以下文化程度的有15人，占23.81%；小学文化程度的有9人，占14.29%；初中文化程度的有20人，占31.75%；高中文化程度的有16人，占25.40%；高中以上文化程度的有3人，占4.76%。

选择“日常管理成本高”的32人中，其文化程度分布为：小学以下文化程度的有6人，占18.75%；小学文化程度的有2人，占6.25%；初中文化程度的有13人，占40.63%；高中文化程度的有8人，占25.00%；高中以上文化程度的有3人，占9.38%。

选择“得不到政府的补贴”的47人中，其文化程度分布为：小学以下文化程度的有8人，占17.02%；小学文化程度的有5人，占10.64%；初中文化程度的有18人，占38.30%；高中文化程度的有11人，占23.40%；高中以上文化程度的有5人，占10.64%。

第五章　经济发展与水资源利用脱钩关系分析

第一节　脱钩理论及方法

一　概述

经济的增长要靠资源、能源和环境容量来支撑，但高消耗、高排放的生产方式导致了资源的破坏与环境的污染，从而威胁到经济可持续发展的基本生态支撑力。《2006 中国可持续发展研究报告》指出，中国资源绩效位于最差国家之列，煤炭、钢材、淡水等多项资源消耗量居世界第一，单位 GDP 一次能源、淡水、水泥、钢材和常用有色金属消耗是世界平均水平的 1.9 倍。中国万元 GDP 能耗为发达国家的 4 倍之多，比日本高 9 倍；主要高耗能产品的能耗、单位产品的能耗比国际水平高出 25% ~60%；工业排污为发达国家的 10 倍以上。十七大报告指出，经济增长的资源和环境代价过大是经济社会发展的首要制约因素。因此，经济与环境协调发展是中国经济发展中的重大课题。

脱钩（Decoupling）术语主要用于物理学领域，一般解释为“解耦”。近年来，OECD（2001 年、2002 年、2003 年）将脱钩概念引入农业政策研究领域，并逐渐拓展到资源、环境等领域，用来描述打破环境破坏与经济发展链接的过程。经济发展与资源、环境之间的关系表现为两种：其一是资源利用（环境压力）随着经济增长而增加；其二是资源利用（环境压力）并没有随着经济增长而增加，甚至还有可能减小。前者称为“耦合关系”，后者称为“脱钩关系”。

根据脱钩理论，在经济增长初期，经济增长较大程度地依赖于资源的大量利用，同时，对环境也造成巨大压力，即经济增长与资源利用（环境压力）同步增长；当经济增长到一定程度，资源利用（环境压力）达到最大值，随后降低，即经济增长与资源利用（环境压力）逆向变化，或者说经济增长率高于资源利用增长率（环境压力增长率）。通过政策、技术、管理等相关措施的应用，实现同样的或者更快的经济增长，都可以减少对资源的消耗以及对环境的压力，从而实现脱钩。

二　脱钩理论的概念模型以及指标

（一）脱钩的概念模型

图 5－1 是根据 Kenneth（2001）、Schofer & Hironaka（2001）以及 OECD（2002）等相关研究整理得到的脱钩概念模型。从中可以看出，脱钩可以分为两类：相对脱钩和绝对脱钩。前者是指经济发展的同时，资源利用或者环境压力以一种相对较低的比率增加，也就是说，经济发展较快，资源利用和环境压力增加的相对较少，经济发展和资源利用或者环境压力之间的距离变得越来越大。后者是指经济发展的同时，资源利用和环境压力的增长率在下降，尽管资源利用的总量变得越来越大。一般而言，相对脱钩先行发生，在人为干预下将最终转变为绝对脱钩。从相对脱钩向绝对脱钩转化的点，就是资源/环境拐点，即倒“U”形曲线的顶点。

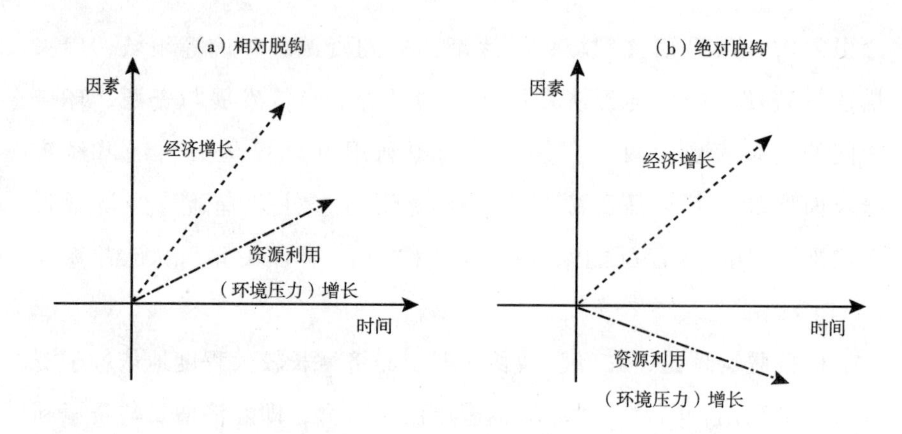

图 5-1　脱钩的概念模型

上述模型只分析了经济发展的情况，没有考虑到经济衰退的情况，而经济衰退时常发生。基于这个考虑，根据经济总量变化率与资源利用量的变化率（环境压力变化率）之间的关系，将脱钩概念模型划分为6种类型，即相对脱钩、扩张耦合、负向耦合、衰退脱钩、衰退耦合、绝对脱钩（见表5-1）。

表 5-1　经济发展与资源利用/环境压力之间的关系及其特征

特征		判断标准	
经济变化	资源/环境变化	关系	脱钩类型
$R_e>0$	$R_{r/e}>0$	$R_e>R_{r/e}$	相对脱钩
		$R_e<R_{r/e}$	扩张耦合
$R_e<0$	$R_{r/e}>0$	—	负向耦合
$R_e<0$	$R_{r/e}<0$	$R_e>R_{r/e}$	衰退脱钩
		$R_e<R_{r/e}$	衰退耦合
$R_e>0$	$R_{r/e}<0$	—	绝对脱钩

注：R_e为经济变化率；$R_{r/e}$为资源/环境变化率。

把表5-1中的关系用平面坐标系表示出来，可以将其划分为6个部分（见图5-2）。Ⅰ区表示相对脱钩，即经济增长与资源利用

（环境压力）都在增加，但经济增长快于资源利用（环境压力）；Ⅱ区表示扩张耦合，即经济增长与资源利用（环境压力）都在增加，但经济增长慢于资源利用（环境压力）；Ⅲ区表示负向耦合，即经济衰退，但资源利用（环境压力）增加；Ⅳ区表示衰退耦合，即经济衰退，资源利用（环境压力）降低，但经济衰退速度快于资源利用（环境压力）降低速度；Ⅴ区表示衰退脱钩，即经济衰退，资源利用（环境压力）降低，但经济衰退幅度小于资源利用（环境压力）的下降幅度；Ⅵ区表示绝对脱钩，即经济增长，资源利用（环境压力）降低。

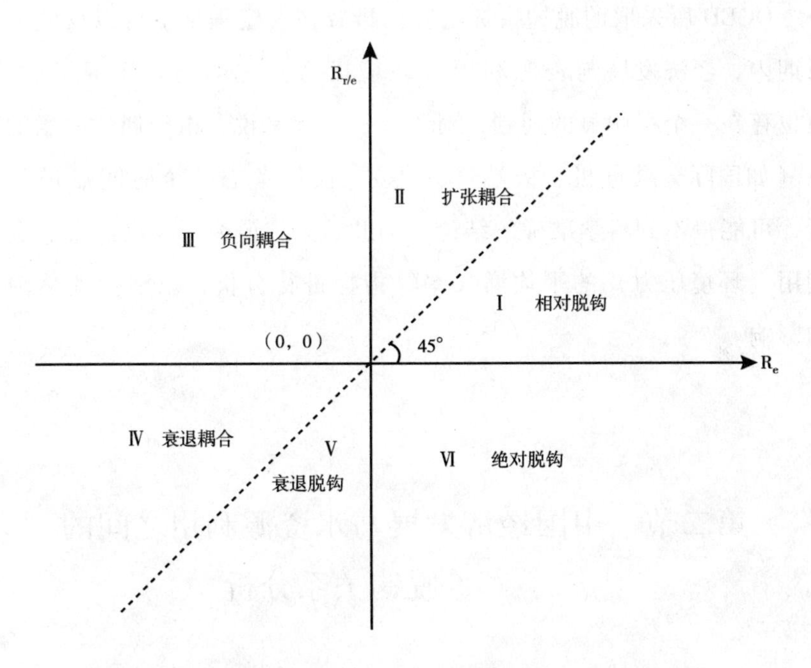

图5-2　经济发展与资源利用（环境压力）之间的关系

（二）脱钩指标与脱钩指数

为了比较不同国家经济增长与环境之间的脱钩，OECD（2002）定义了给定时间期间初始点脱钩指标 D_i 值的比率 D_r：

$$D_r = \frac{D_{iend}}{D_{istart}} \tag{5-1}$$

这里 $D_i = E_P/D_F$，E_P 表示环境压力，D_F 表示驱动因素。为了更直接地表达脱钩，定义脱钩指数为：

$$F_d = 1 - D_r \tag{5-2}$$

当脱钩指数 F_d 大于 0 时，表明在这个时期内实现了脱钩。如果 F_d 等于或者小于 0，就没有实现脱钩。当环境压力等于 0 时，脱钩因子达到了最大值 1。

OCED 所采取的脱钩指标与脱钩指数在一定程度上可以反映研究时期内，经济发展与资源利用（环境压力）之间是否实现了脱钩。但也存在一个很明显的问题，对于经济发展来说，由于偶然因素的存在（如国际金融危机、极端气候等），仅仅考虑两个时间点进行分析，可能得不到科学准确的结论。为此，采取研究时期内经济、资源利用（环境压力）的平均增长率等指标进行分析，以消除偶然因素的影响。

第二节　中国经济发展与水资源利用之间的脱钩关系分析

一　经济发展水平与水资源利用之间的关系

（一）国家层面经济发展与水资源利用之间的关系

根据 1997 年以来的经济增长指数以及用水量，分别计算出年度增长率，结果见表 5－2、图 5－3。

表 5-2　经济增长与用水之间的脱钩关系

单位：%

年份	GDP 增长率	总用水量增长率	脱钩类型
1997	—	—	—
1998	7.8	-2.3	绝对脱钩
1999	7.6	2.9	相对脱钩
2000	8.4	-1.7	绝对脱钩
2001	8.3	1.3	相对脱钩
2002	9.1	-1.3	绝对脱钩
2003	10.0	-3.2	绝对脱钩
2004	10.1	4.3	相对脱钩
2005	11.3	1.5	相对脱钩
2006	12.7	2.9	相对脱钩
2007	14.2	0.4	相对脱钩
2008	9.6	1.6	相对脱钩
2009	9.1	0.9	相对脱钩
年均增长率	9.86	0.60	相对脱钩

资料来源：根据《中国统计年鉴 2010》、1997~2009 年《中国水资源公报》相关数据计算得到。

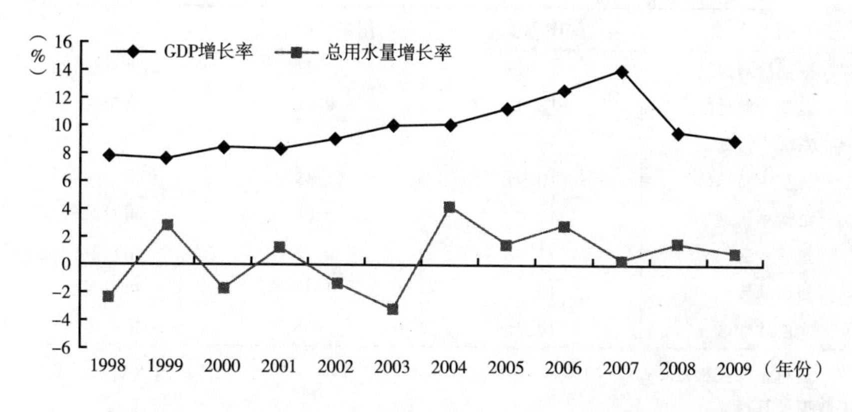

图 5-3　中国国民生产总值及总用水量的年度增长率变化

1998~2009 年，国内生产总值平均增长率为 9.86%，总用水量平均增长率为 0.60%。根据脱钩理论可以判断，经济发展与水资源利用之间为相对脱钩关系。通过产业结构的进一步优化与升级，以及国家采取最严格的水资源管理制度，加强水资源开发利用控制红线管理，严格实行用水总量控制，水资源利用量将会实现零增长或者负增长，经济发展与水资源之间也将会逐渐实现由相对脱钩向绝对脱钩的转变。

从动态变化来看，1998～2007年国内生产总值年度增长率是持续增加的，2008年、2009年有些放缓，但依然在8.0%以上，总用水量年度增长率波动性比较大。从脱钩关系分析来看，1998年、2000年、2002年、2003年经济发展与水资源利用之间实现了绝对脱钩，其余年份属于相对脱钩。

（二）区域层面经济发展与水资源利用之间的关系

根据不同区域GDP年度增长率以及相应用水量的年度增长率，计算得出1998～2009年的平均年度增长率，并根据它们之间的关系判断出经济发展与用水量之间的脱钩类型（见表5－3）。

表5－3　不同区域经济发展与用水之间的脱钩关系

单位：%

经济区域	GDP增长率	用水量增长率	脱钩类型
南部沿海地区	11.33	1.21	相对脱钩
北部沿海地区	12.05	－0.72	绝对脱钩
东部沿海地区	11.87	0.75	相对脱钩
长江中游地区	10.95	1.43	相对脱钩
黄河中游地区	12.02	0.09	相对脱钩
东北地区	11.12	0.32	相对脱钩
西南地区	10.64	1.40	相对脱钩
大西北地区	10.71	1.56	相对脱钩

资料来源：根据1998～2010年《中国统计年鉴》、1997～2009年《中国水资源公报》相关数据计算得到。

在八大区域中，只有北部沿海地区实现了经济发展与水资源利用之间的绝对脱钩，其余7个区域经济发展与水资源利用之间处于相对脱钩状态。

从表5－3中的数据可以看出，每个区域经济增长率都超过了10%，最高的北部沿海地区达到了12.05%，经济相对落后的西南地区、大西北地区经济增长率也达到了10.64%、10.71%。用水量的增长率却比较低，相对于其他区域来说，西南地区、长江中游地区、大西北地区用水量增长率高一些，分别为1.40%、1.43%、1.56%。除了北部沿海地区以外，黄河中游地区、东北地区、东部沿海地区用水量的增长率也都低于1%，分别为0.09%、0.32%、0.75%。

（三）省级层面经济发展与水资源利用之间的关系

在31个省（市、区）中，有9个省（市、区）经济发展与水资源利用之间实现了绝对脱钩，分别是北京、河北、山西、辽宁、浙江、山东、河南、广西、宁夏；其余省（市、区）均实现了相对脱钩（见表5－4）。

表5－4　不同省（市、区）经济发展与用水之间的脱钩关系

经济区域	绝对脱钩	相对脱钩
南部沿海地区	—	广东、福建、海南
北部沿海地区	北京、河北、山东	天津
东部沿海地区	浙江	上海、江苏
长江中游地区	—	安徽、江西、湖北、湖南
黄河中游地区	河南、山西	陕西、内蒙古
东北地区	辽宁	黑龙江、吉林
西南地区	广西	四川、云南、重庆、贵州
大西北地区	宁夏	甘肃、青海、新疆

资料来源：根据计算结果整理。

二　第一产业发展水平与水资源利用之间的关系

（一）国家层面第一产业发展与水资源利用之间的关系

1998～2009年，中国第一产业产值平均增长率为3.86%，第一产业用水量平均增长率为－0.37%。根据脱钩理论可以判断，第一产业发展与水资源利用之间实现了绝对脱钩。初步判断，实现绝对脱钩源于两个方面的因素，一是通过采取渠道衬砌、田间“小白龙”输水等节水措施，减少了水资源的损失，提高了农业水资源利用率。二是农业产业结构的调整，通过缩减耗水作物的种植面积，减少灌溉用水量；通过扩大经济作物种植面积，采取滴管、喷灌等节水措施，减少灌溉用水量。

从动态变化来看，第一产业产值年度增长率从1998年到2003年总体上呈现递减的态势，在2004年有一个跃升，达到6.3%，此后连续递减到2007年的3.7%，2008年有所反弹，2009年又减少。第一产业产值波动性比较大，原因在于农产品受国内外市场影响，价格波动较大；同时，农产品流通市场存在的问题没有得到有效解决，导致农产品滞销，如2011年内蒙古土豆、山东的大白菜等，无法实现产量到产值的转变。第一产业总用水量年度增长率波动性也比较大，原因在于农业生产受气候影响很大，遇到风调雨顺的年份，农业灌溉用水可能会有很大的减少，一旦遇到干旱，农业灌溉用水量就会大幅度增加。根据脱钩理论，这一期间有6个年份，第一产业的发展与水资源利用之间实现了绝对脱钩，即1998年、2000年、2002年、2003年、2005年、2007年，其余年份属于相对脱钩（见图5-4、表5-5）。

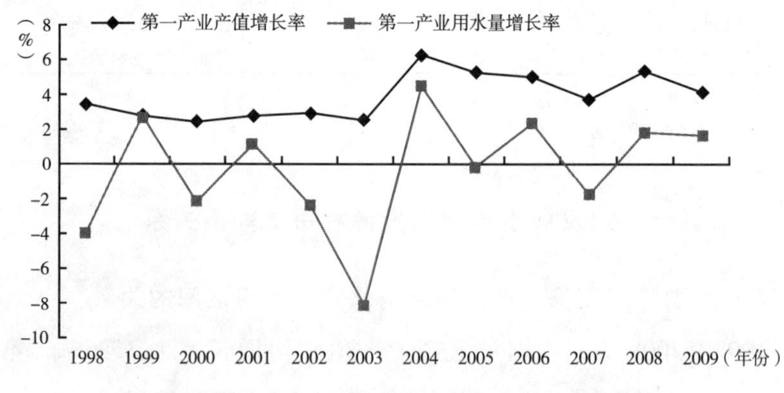

图5-4 第一产业产值及其用水量年度增长率变化情况

表 5－5　第一产业发展与水资源利用之间的脱钩关系

单位：%

年份	第一产业产值增长率	第一产业用水量增长率	脱钩类型
1997	—	—	—
1998	3.5	-3.9	绝对脱钩
1999	2.8	2.7	相对脱钩
2000	2.4	-2.2	绝对脱钩
2001	2.8	1.1	相对脱钩
2002	2.9	-2.3	绝对脱钩
2003	2.5	-8.1	绝对脱钩
2004	6.3	4.4	相对脱钩
2005	5.2	-0.1	绝对脱钩
2006	5.0	2.4	相对脱钩
2007	3.7	-1.8	绝对脱钩
2008	5.4	1.8	相对脱钩
2009	4.2	1.6	相对脱钩
年均增长率	3.89	-0.37	绝对脱钩

资料来源：根据《中国统计年鉴 2010》、1997～2009 年《中国水资源公报》相关数据计算得到。

（二）区域层面第一产业发展与水资源利用之间的关系

根据不同区域第一产业产值年度增长率以及相应用水量的年度增长率，计算得出 1998～2009 年的平均年度增长率，并根据它们之间的关系判断出经济发展与用水量之间的脱钩类型（见表 5－6）。在八大区域中，南部沿海地区、北部沿海地区、东部沿海地区、黄河中游地区以及西南地区，第一产业的发展与水资源利用之间实现了绝对脱钩，长江中游地区、东北地区、大西北地区则实现了相对脱钩。

表5-6 不同区域第一产业发展与用水之间的脱钩关系

单位：%

经济区域	第一产业产值增长率	第一产业用水量增长率	脱钩类型
南部沿海地区	5.41	-0.06	绝对脱钩
北部沿海地区	4.15	-1.62	绝对脱钩
东部沿海地区	2.40	-1.37	绝对脱钩
长江中游地区	4.15	0.39	相对脱钩
黄河中游地区	4.73	-0.69	绝对脱钩
东北地区	5.67	0.15	相对脱钩
西南地区	4.32	-0.11	绝对脱钩
大西北地区	4.54	1.41	相对脱钩

资料来源：根据1998~2010年《中国统计年鉴》、1997~2009年《中国水资源公报》相关数据计算得到。

从表5-6中的数据可以看出，相对于GDP增长率，第一产业产值增长率较低，东北地区、南部沿海地区第一产业产值增长率超过了5%，分别为5.67%、5.41%；东部沿海地区第一产业产值增长率只有2.40%。第一产业用水量增长率方面，长江中游地区、东北地区、大西北地区分别为0.39%、0.15%、1.41%，尽管东北地区作为粮食主产区，农业用水增长率并不高，除了上面所提到的原因以外，可能与东北地区土地经营规模大，更容易采取大型节水设施（如喷灌）有关，从而节约灌溉用水。大西北地区则由于在推行节水灌溉方面存在一定的限制因素，如大风、光照等，在农业生产中灌溉水比例会占较大的比例。

（三）省级层面第一产业发展与水资源利用之间的关系

在31个省（市、区）中，有10个省（市、区）第一产业的发展与水资源利用之间实现了相对脱钩，分别是黑龙江、江苏、安徽、福建、江西、海南、重庆、贵州、青海、新疆；西藏第一产业发展与水资源利用之间属于扩张耦合类型；其余省（市、区）均实现了绝对脱钩（见表5-7）。

表 5-7　不同省（市、区）第一产业发展与用水量之间的脱钩关系

脱钩类型	绝对脱钩	相对脱钩	扩张耦合
南部沿海地区	广东	福建、海南	
北部沿海地区	北京、天津、河北、山东		
东部沿海地区	上海、浙江	江苏	
长江中游地区	湖北、湖南	安徽、江西	
黄河中游地区	陕西、山西、河南、内蒙古		
东北地区	辽宁、吉林	黑龙江	
西南地区	四川、云南、广西	重庆、贵州	
大西北地区	甘肃、宁夏	青海、新疆	西藏

资料来源：根据计算结果整理。

三　第二产业发展水平与水资源利用之间的关系

（一）国家层面第二产业发展与水资源利用之间的关系

1998～2009年，中国第二产业产值平均增长率为10.74%，第二产业用水量平均增长率为1.84%。根据脱钩理论可以判断，二者之间实现了相对脱钩。

从动态变化来看，第二产业总值年度增长率从1998年到2007年总体上呈现递增的态势，达到15.06%，其间也有一些波动，2008年又下降到近10%。第二产业总用水量年度增长率1998～2000年波动性比较大，此后呈现出一种倒“U”形曲线变化态势。根据脱钩理论，有3个年份第二产业的发展与水资源利用之间实现了绝对脱钩，即2000年、2008年、2009年，其余年份属于相对脱钩（见图5-5、表5-8）。

（二）区域层面第二产业发展与水资源利用之间的关系

根据不同区域第二产业产值年度增长率以及相应用水量的年度增长率，计算得出1998～2009年的平均年度增长率，并根据它们之间的关系判断出经济发展与用水量之间的脱钩类型（见表5-9）。

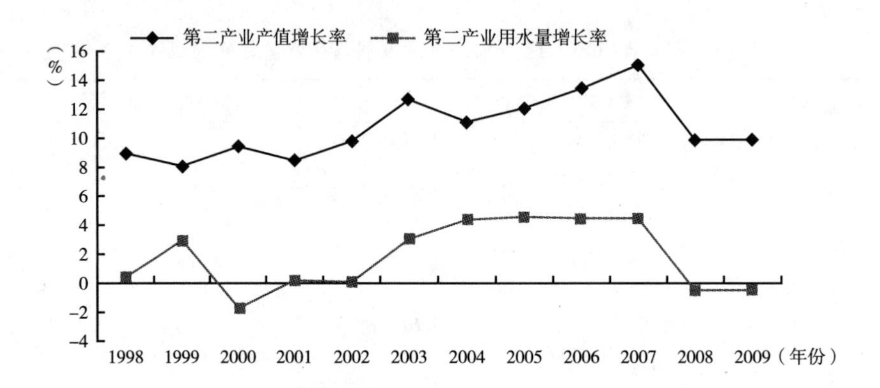

图 5－5　第二产业产值及其用水量年度增长率变化情况

表 5－8　第二产业发展与水资源利用之间的脱钩关系

单位：%

年份	第二产业产值增长率	第二产业用水量增长率	脱钩类型
1997	—	—	—
1998	8.91	0.45	相对脱钩
1999	8.14	2.91	相对脱钩
2000	9.43	－1.71	绝对脱钩
2001	8.44	0.24	相对脱钩
2002	9.83	0.05	相对脱钩
2003	12.67	3.05	相对脱钩
2004	11.11	4.41	相对脱钩
2005	12.08	4.59	相对脱钩
2006	13.39	4.52	相对脱钩
2007	15.06	4.50	相对脱钩
2008	9.88	－0.48	绝对脱钩
2009	9.94	－0.45	绝对脱钩
年均增长率	10.74	1.84	相对脱钩

资料来源：根据《中国统计年鉴 2010》、1997～2009 年《中国水资源公报》相关数据计算得到。

表 5-9　不同区域第二产业发展与用水之间的脱钩关系

单位：%

经济区域	第二产业产值增长率	第二产业用水量增长率	脱钩类型
南部沿海地区	13.87	3.16	相对脱钩
北部沿海地区	13.13	-2.88	绝对脱钩
东部沿海地区	12.38	2.36	相对脱钩
长江中游地区	13.89	4.12	相对脱钩
黄河中游地区	14.95	1.85	相对脱钩
东北地区	12.79	-0.03	绝对脱钩
西南地区	13.3	3.75	相对脱钩
大西北地区	13.84	2.30	相对脱钩

资料来源：根据 1998～2010 年《中国统计年鉴》、1997～2009 年《中国水资源公报》相关数据计算得到。

在八大区域中，北部沿海地区、东北地区第二产业的发展与水资源利用之间实现了绝对脱钩；南部沿海地区、东部沿海地区、长江中游地区、黄河中游地区、西南地区、大西北地区第二产业的发展与水资源利用之间实现了相对脱钩。

（三）省级层面第二产业发展与水资源利用之间的关系

在 31 个省（市、区）中，有 11 个省（市、区）第二产业的发展与水资源利用之间实现了绝对脱钩，分别是北京、天津、河北、山东、陕西、山西、辽宁、黑龙江、广西、甘肃、宁夏；其余省（市、区）均实现了相对脱钩（见表 5-10）。

表 5-10　不同省（市、区）第二产业发展与用水量之间的脱钩关系

经济区域	绝对脱钩	相对脱钩
南部沿海地区		广东、福建、海南
北部沿海地区	北京、天津、河北、山东	
东部沿海地区		上海、浙江、江苏
长江中游地区		湖北、湖南、安徽、江西
黄河中游地区	陕西、山西	河南、内蒙古
东北地区	辽宁、黑龙江	吉林
西南地区	广西	四川、云南、重庆、贵州
大西北地区	甘肃、宁夏	青海、新疆、西藏

资料来源：根据计算结果整理。

不同省（市、区）间的水资源禀赋差异可能会通过水资源价格影响其节水积极性和工业用水效率。如天津、宁夏、河北和山西4省（市、区）的人均水资源拥有量均不到300立方米，山东、辽宁2省的人均水资源拥有量为451～896立方米，甘肃、陕西、黑龙江3省的人均水资源拥有量均为1042～1954立方米。此外，工业结构情况对工业用水的效率有较大影响，低水平、粗放式的工业结构，其投入－产出水平较低，它的工业用水效率也较低；相反，高层次、集约型工业结构，其投入－产出水平较高，它的工业用水效率较高。

第三节　粮食生产与灌溉用水之间的关系分析

一　概述

耕地资源与水资源是进行粮食生产的最基本的生产要素。水土资源总量短缺及其空间上的不匹配状况也将直接影响中国的粮食安全，水资源短缺是中国长期面临的问题。农业用水一直是主要用水大户，1980年，农业用水约占全国总用水量的88.2%，1993年，农业用水量占全国总用水量的73.3%。其中，灌溉用水又是农业用水的主要部分，1980年和1993年灌溉用水均占农业用水的90%以上。2000年，农业用水量占全国总用水量的68.8%；2004年，农业用水量占全国总用水量的64.6%；2009年，农业用水量占全国总用水量的64.0%。尽管农业用水量所占比例有了一定程度的下降，但仍占很大比例。

粮食生产是否一直依赖于水资源的利用？粮食生产是否会对水资源的可持续利用构成威胁？于法稳（2006）采取区域水资源禀赋的40%作为水资源可持续利用的标准，将区域农业用水量与其进行比较，来判断农业用水对水资源可持续利用的影响程度。李周等

(2004) 认为，农业用水量的多少，在很大程度上取决于农业灌溉方式。通过采取节水技术、农艺技术等措施，可以减少农作物灌溉定额；通过调整夏秋作物结构，平衡用水量的季节分布，也可以达到节水目的。因此，通过提高灌溉水资源的利用效率，可以减少灌溉用水量，实现粮食生产与灌溉用水的脱钩。也就是说，粮食产量的提高不再依靠灌溉用水量的增加。

由于粮食生产受自然因素影响较大，如果在研究时段的始点与终点正好遇到极端气候，那么，所得结果势必存在很大偏差。为此，本研究采用粮食产量、粮食生产灌溉用水以及粮食生产耕地面积等指标，利用统计学方法计算在研究时段内的指标的年均变化率，通过比较其大小，来分析粮食生产是否与灌溉用水实现了脱钩。

二　数据处理方法及来源

文中选择了粮食产量、灌溉用水量等指标，数据来自《中国统计年鉴》和各省（市、区）统计年鉴（国家统计局编），以及《中国水资源公报》（水利部编）。为了更准确地分析问题，本文将灌溉用水量调整为用于粮食生产的灌溉水量。

粮食生产灌溉用水的调整公式为：

$$GIWU = \frac{CPA}{TPA} \times IWU \quad (5-3)$$

其中，$GIWU$ 为粮食生产灌溉用水量，CPA、TPA 分别为粮食播种面积、总播种面积，IWU 为农业灌溉用水量。

根据各个省（市、区）粮食的产量（1997～2009 年平均值），将其按照降序排列，并计算出每个省（市、区）粮食产量占全国粮食总产量的比例以及累计比例，从中选择了 20 个省（市、区），它们的粮食产量之和占全国粮食总产量的 90% 以上，其他省（市、区）的粮食产量之和占全国粮食总产量的比例不足 10%。后者包括北京、山西、天津、上海、福建、海南、新疆、青海和西藏，其中，青海、西藏是典型的牧业省区，而北京、上海、天津作为大都市，其农村地区已经从单一的生产功能逐渐转变为生产、生活、生态三位一体。

20个省（市、区）相关指标的统计学特征见表5－11。从中可以看出，粮食产量处于前3位的3个省为河南、山东、四川，其产量分别为4469.2万吨、3924.3万吨、3191.7万吨，分别占全国粮食产量的9.17%、8.05%、6.55%；相应的，粮食灌溉用水量处于前3位的省份为江苏、黑龙江、广东，分别为163.2亿立方米、163.1亿立方米、124.9亿立方米，分别占全国粮食灌溉用水量的7.55%、7.55%、5.78%。

表5－11　20个省（市、区）变量的统计学特征（1997～2009年）

单位：万吨，亿立方米

省份	粮食产量				灌溉用水			
	最大值	最小值	均值	标准差	最大值	最小值	均值	标准差
河北	2910.2	2411.8	2672.1	179.4	135.8	89.0	108.1	17.3
内蒙古	2131.3	1295.7	1578.0	265.4	111.3	84.1	97.8	9.5
辽宁	1860.3	1348.3	1609.8	160.5	77.4	58.5	67.2	6.1
吉林	2840.0	1935.4	2339.6	278.8	63.8	48.0	56.0	5.1
黑龙江	4353.0	2701.7	3182.2	545.4	212.6	134.3	163.1	24.5
江苏	3512.3	2689.5	3096.2	266.9	217.6	122.7	163.2	23.3
浙江	1481.3	728.6	1015.9	268.8	89.4	41.4	60.0	16.9
安徽	3069.9	2489.9	2720.7	190.8	116.0	59.8	84.1	15.3
江西	2002.6	1499.9	1724.9	160.2	98.2	56.6	81.1	10.3
山东	4316.3	3364.1	3924.3	320.7	130.1	81.5	102.2	17.4
河南	5389.0	3889.8	4469.2	576.9	131.5	62.8	89.3	20.0
湖北	2531.0	1984.0	2235.8	167.0	103.3	62.7	75.5	13.0
湖南	2902.7	2472.0	2684.3	106.0	150.6	98.6	122.2	17.0
广东	1937.0	1243.4	1545.0	249.4	143.9	106.6	124.9	14.4
广西	1559.0	1394.7	1481.8	58.2	125.8	92.7	109.3	11.4
重庆	1170.7	910.5	1108.9	69.5	14.5	10.8	13.1	1.3
四川	3475.6	2893.4	3191.7	174.3	93.4	68.8	81.2	9.0
贵州	1168.3	1046.2	1114.4	37.9	34.3	25.7	31.5	2.7
云南	1576.9	1271.9	1465.3	90.1	80.0	61.2	72.4	6.8
陕西	1188.3	983.5	1077.9	64.9	47.2	33.8	39.5	4.0

三　粮食产量、粮食灌溉用水量动态变化特征

（一）粮食产量与灌溉用水关系的类型分析

以粮食产量作为横坐标，粮食灌溉用水量作为纵坐标作图，得到了20个省（市、区）“粮食产量－粮食灌溉用水量”的散点图（见图5－6）。

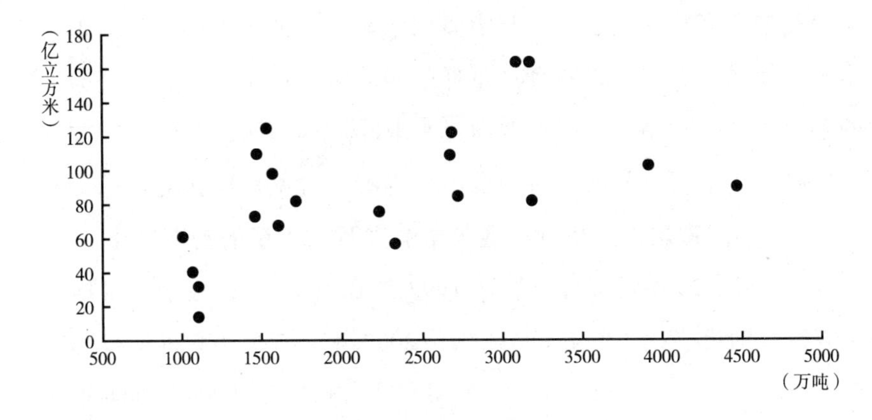

图5－6　20个省（市、区）在“粮食产量－灌溉用水量”之间关系的散点图

以粮食产量、粮食灌溉用水量的均值作为标准，然后将二者与相应均值进行比较，可以分为四种类型。

类型一：粮食产量低，粮食灌溉用水量低；

类型二：粮食产量低，粮食灌溉用水量高；

类型三：粮食产量高，粮食灌溉用水量低；

类型四：粮食产量高，粮食灌溉用水量高。

粮食产量高是实现粮食安全的前提，因此，要实现粮食安全，首先选择的是类型三与类型四，但考虑到水资源的可持续利用，最理想的状态就是类型三，这种类型实现了较高的粮食产量以及较低的灌溉用水量。由此，得到20个省（市、区）所属的类型（见表5－12）。

表 5－12　粮食产量－粮食灌溉用水量类型划分

项目	粮食产量高	粮食产量低
粮食灌溉水高	山东、江苏、湖南、黑龙江、河南、河北	内蒙古、广西、广东
粮食灌溉水低	吉林、安徽、湖北	重庆、浙江、云南、陕西、辽宁、江西、贵州

资料来源：根据计算结果整理。

类型三表现为粮食生产与灌溉用水量之间的绝对脱钩。最不希望出现的就是类型二，在粮食产量低的同时灌溉用水量高，表现为极强的耦合关系。类型一、类型四通过采取相应的措施，可能实现粮食生产与灌溉用水量之间的相对脱钩，并逐渐实现绝对脱钩的目标。

（二）国家层面上粮食产量与粮食灌溉用水量的动态变化

从表 5－13 中可以看出，从 1997 年到 1998 年，粮食产量增加了 3.67%，随后连续 3 年下降，2001～2002 年实现了小幅度的反弹，增产 0.98%，随后下降到 2003 年的最低点 43069.5 万吨，2004 年又开始回升，到 2009 年达到了 53082.1 万吨，实现了连续 6 年递增，增加了 10012.6 万吨，增长 23.25%，年均增长 3.87%。

表 5－13　中国粮食产量与灌溉用水量变化情况（1997～2009 年）

单位：万吨，亿立方米，%

年份	绝对值		相对值	
	粮食产量	灌溉用水量	粮食产量	灌溉用水量
1997	49417.1	2575.2	—	—
1998	51229.5	2452.4	3.67	－4.77
1999	50838.6	2431.9	－0.76	－0.83
2000	46217.5	2301.1	－9.09	－5.38
2001	45263.7	2249.6	－2.06	－2.24
2002	45705.8	2129.9	0.98	－5.32
2003	43069.5	1926.5	－5.77	－9.55
2004	46946.9	2043.9	9.00	6.10
2005	48402.2	1858.8	3.10	－9.05

续表

年份	绝对值		相对值	
	粮食产量	灌溉用水量	粮食产量	灌溉用水量
2006	49804.2	1908.3	2.90	2.66
2007	50160.3	1892.0	0.71	-0.85
2008	52870.9	2119.5	5.40	12.02
2009	53082.1	2199.9	0.40	3.80
年均增长率	-763.87	-47.98	0.62	-1.21

资料来源：《中国统计年鉴2010》和1997～2009年《中国水资源公报》。

同期，相对于粮食产量，粮食灌溉用水量的波动较大。1997～2003年，粮食灌溉用水量持续下降，从2575.2亿立方米下降到1926.5亿立方米，减少了648.7亿立方米，下降25.19%，年均下降4.20%。此后，呈现一年增一年减的变化态势。直到2007年，然后实现2年递增，到2009年到达2199.9亿立方米。尽管期间粮食灌溉用水量变化的波动性较大，但总体上呈现出下降的趋势，从1997年到2009年，共减少375.3亿立方米，减少了14.57%，年均减少31.27亿立方米，年均减少1.21%（见表5-13、图5-7）。

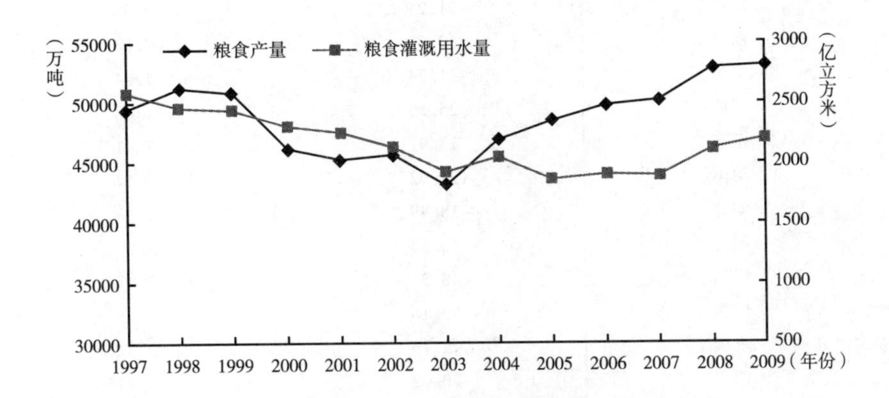

图5-7　中国粮食产量及粮食灌溉用水变化趋势

（三）省级层面粮食产量与灌溉用水动态变化

1997～2009年，不同省份粮食产量及粮食灌溉用水量变化情况见

表5-14。从中可以看出，有9个省（市、区）粮食产量是下降的，其中有4个是东部地区的省份，即浙江、广东、江苏、辽宁，4个是西部地区的省（市、区），即四川、广西、陕西、重庆，1个是中部地区的省份，即湖北。粮食产量年均下降幅度较大的省份为浙江、广东，分别为57.68万吨、48.32万吨，年均下降3.89%、2.55%。11个省区粮食产量是增加的，其中2个是东部的地区的省份，即河北、山东，但年均增长量很小，只有7.74万吨、13.91万吨，年均增长率为0.27%、0.34%；6个是中部地区的省份，即湖南、吉林、安徽、江西、河南、黑龙江，3个是西部地区的省区，即贵州、云南、内蒙古。

表5-14　不同省份粮食产量及粮食灌溉用水量年均变化情况

单位：万吨，亿立方米

省份	粮食产量增长量	粮食灌溉用水量
河北	7.74	-2.97
内蒙古	39.27	-1.21
辽宁	-0.78	-0.57
吉林	20.56	-0.41
黑龙江	108.36	2.67
江苏	-21.21	-2.35
浙江	-57.68	-3.64
安徽	31.74	1.64
江西	25.55	1.08
山东	13.91	-2.91
河南	122.92	-3.57
湖北	-18.49	-2.38
湖南	15.53	-3.28
广东	-48.32	-2.47
广西	-6.16	-2.35
重庆	-2.79	-0.22
四川	-20.02	-0.93
贵州	10.18	0.01
云南	25.42	-0.94
陕西	-4.74	-0.66

资料来源：根据1998~2009年《中国统计年鉴》及1997~2009年《中国水资源公报》中的相关数据计算得到。

粮食产量年均增长幅度最大的3个省份为河南、黑龙江、内蒙古，分别为122.92万吨、108.36万吨、39.27万吨，年均增长率为3.14%、3.55%、2.60%。

在所研究的20个省（市、区）中，只有4个省的粮食灌溉用水量是增加的，即黑龙江、安徽、江西、贵州，增长量分别为2.67亿立方米、1.64亿立方米、1.08亿立方米、0.01亿立方米；其余16个省（市、区）粮食灌溉用水量都是减少的，从年均减少的绝对量来看，浙江为3.64亿立方米、河南为3.57亿立方米、湖南为3.28亿立方米、河北为2.97亿立方米、山东为2.91亿立方米。

四　粮食生产与灌溉用水脱钩关系分析

（一）国家层面粮食生产与灌溉用水关系分析

新中国成立以来，通过农田水利基本建设，中国农田有效灌溉面积从1949年的1600万公顷，扩大到当前的5847万公顷。改革开放以来，粮食生产增长了50%，灌溉面积增加了800万公顷，但灌溉用水连续30年实现零增长。计算结果表明，1997~2009年，中国粮食产量年均增长率0.49%，而粮食灌溉水资源量年均增长-1.73%，由此判断，中国粮食生产与灌溉用水总体上实现了绝对脱钩。

（二）各省份粮食生产与灌溉用水关系分析

根据粮食产量的年均增长率与粮食灌溉用水量的年均变化率，可以判断不同省（市、区）粮食生产与灌溉用水之间的脱钩类型（见表5-15）。从中可以看出，有8个省（区）的粮食生产与灌溉用水之间实现了绝对脱钩，即粮食产量年均增长率大于0，但粮食灌溉用水量的年均增长率小于0；其中，东部地区的河北、山东，中部地区的吉林、河南、湖南，西部地区的内蒙古、贵州、云南。对贵州、云南而言，实现粮食生产与灌溉用水的绝对脱钩，与其他省（区）有所不同，它们属于典型的喀斯特地貌，工程性缺水十分严重，无法满足粮食生产对灌溉用水的需要，因此，可以把这种绝对脱钩称为“表象绝对脱钩”。

表 5-15　不同省（市、区）粮食生产与灌溉用水的脱钩关系

单位：%

省　份	粮食增长率	灌溉用水量增长率	关系类型
河　北	0.27	-2.97	绝对脱钩
内蒙古	2.60	-1.21	绝对脱钩
辽　宁	-0.05	-0.57	衰退脱钩
吉　林	0.93	-0.41	绝对脱钩
黑龙江	3.55	2.67	相对脱钩
江　苏	-0.61	-2.35	衰退脱钩
浙　江	-3.89	-3.64	衰退耦合
安　徽	1.18	1.64	扩张耦合
江　西	1.51	1.08	相对脱钩
山　东	0.34	-2.91	绝对脱钩
河　南	3.14	-3.57	绝对脱钩
湖　北	-0.73	-2.38	衰退脱钩
湖　南	0.57	-3.28	绝对脱钩
广　东	-2.55	-2.47	衰退耦合
广　西	-0.40	-2.35	衰退脱钩
重　庆	-0.24	-0.22	衰退耦合
四　川	-0.58	-0.93	衰退脱钩
贵　州	0.97	0.01	绝对脱钩
云　南	2.00	-0.94	绝对脱钩
陕　西	-0.40	-0.66	衰退脱钩

资料来源：根据 1998～2009 年《中国统计年鉴》及 1997～2009 年《中国水资源公报》中的相关数据计算得到。

处于中部地区的安徽，粮食生产与灌溉用水之间表现出扩张耦合关系，也就是说，粮食产量与粮食灌溉水量都在增加，而且后者增长的速度快于粮食产量增长的速度。

粮食产量与粮食灌溉用水之间属于衰退耦合关系的省份中，有东部地区的浙江、广东，西部地区的重庆。它们的粮食产量在减少，粮食灌溉用水量也在减少，但前者减少的速度快于后者的速度，也就是说，一旦粮食灌溉用水量减少 1%，粮食产量减少的比例就会大于 1%。

粮食产量与粮食灌溉用水之间属于衰退脱钩关系的省份中，有东部地区的辽宁、江苏，中部地区的湖北以及西部地区的广西、四川、陕西，它们的粮食产量与粮食灌溉用水量都在减少，但前者减少的速度要比后者慢，即减少粮食灌溉用水量 1%，导致粮食产量的减少小于 1%。

处于中部地区的黑龙江、江西两省实现了粮食产量与粮食灌溉用水之间的相对脱钩，也就是说，粮食产量与粮食灌溉用水量都在增加，前者增加的速度快于后者，即每增加 1% 的粮食灌溉用水量，就可以实现高于 1% 的粮食产量。

第六章　黄河流域水资源对农业生产的影响

第一节　黄河流域自然、经济概况

一　黄河流域面积及主要灌区

（一）黄河流域面积

黄河发源于青藏高原巴颜喀拉山北麓的约古宗列盆地，流经青海、四川、甘肃、宁夏、内蒙古、山西、陕西、河南、山东9省区。流域面积79.5万平方公里（包括内流区面积4.2万平方公里）。图6－1是黄河流域行政分区面积柱状图。全河划分为龙羊峡以上、龙羊峡至兰州、兰州至头道拐、头道拐至龙门、龙门至三门峡、三门峡至花园口、花园口以下、黄河内流区（分别简称为龙库以上、龙库－兰、兰－头、头－龙门、龙门三、三－花、花以下和内流区，下同）等二级流域分区。图6－2是黄河流域分区面积比例图。

（二）黄河流域降雨及蒸发

黄河流域处于东亚海陆季风区的北部，上游及中游西部地区还受高原季风的影响。流域大部分地区距海洋较远。流域内地形复杂，具

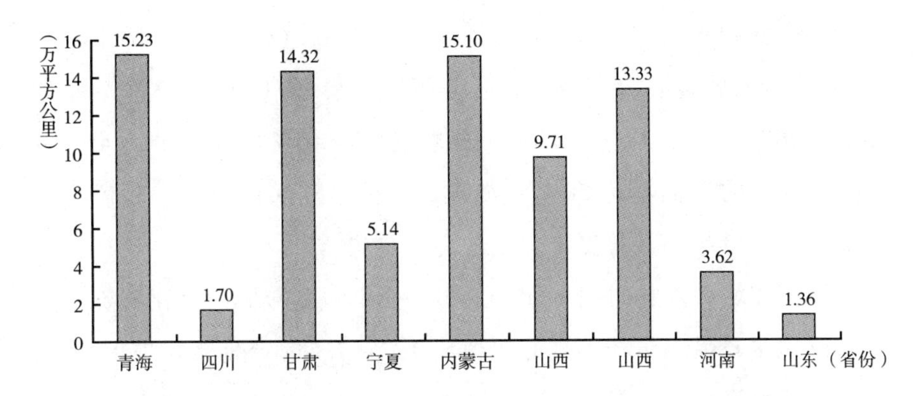

图 6－1　黄河流域行政分区面积

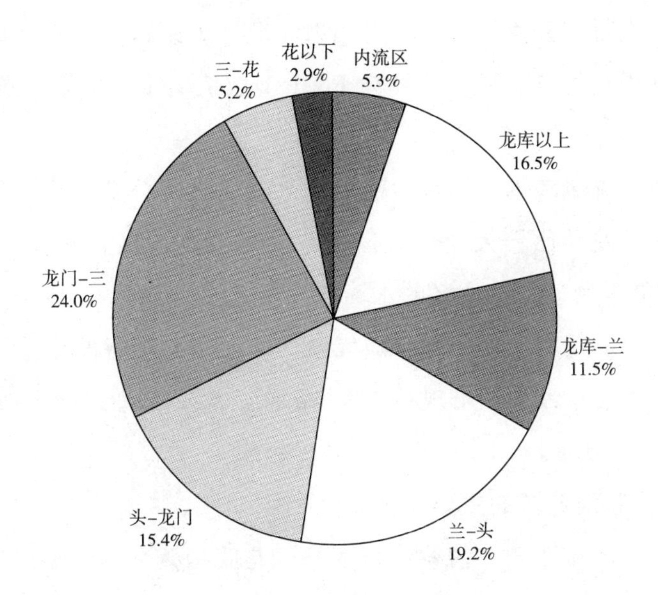

图 6－2　黄河流域分区面积

有多种多样的下垫面条件，因而使得流域的降水具有地区分布差异显著、季节分布不均和年际变化大等特点。

黄河流域多年平均年降水量 476 毫米，地域分布特点是：东多西少、南多北少，从东南向西北递减。

黄河流域大部分地区处于季风气候区，季风影响十分显著，降水的季节分配很不均匀，呈现出冬干春旱、夏秋（6～9月）降水集中的特点。降水量占年降水量的比例是：春季13%～23%，夏季40%～66%，秋季18%～33%，冬季仅1%～5%。连续最大4个月（6～9月）的比例可达58%～75%，这种年降水量的集中程度，存在着年降水量越小，其集中程度越高的趋势。

黄河流域降水在时间分配上的另一个特点是年际间变化特殊。最大年降水量与最小年降水量的比值为1.7～7.5，一般都在3.0以上，其变化趋势为干旱程度越大，年际差异越悬殊。统计资料表明，年降水量越小的地区，其年际变化越大，年降水量的极值比就越高。

一般而言，蒸发量的大小与辐射状况、风速和空气的湿润程度有关。通常用蒸发皿测量，换算为E601型数值表示，习惯上称为水面蒸发。

从黄河流域多年平均水面蒸发量来看，大部分地区为800～1800毫米，地区差异比较大，水面蒸发量的主要高值区在年降水量小于400毫米的区域。其余地区的水面蒸发量大多为700～1200毫米。

水面蒸发量的年内分配，随气温、湿度和风速等要素的影响而变化。全年蒸发量最小值出现在隆冬12月至次年1月；最大值出现在春末夏初5～6月。

（三）黄河流域的主要灌区

内蒙古黄河灌区：内蒙古黄河灌区是我国著名的大型灌区之一。其范围西起乌兰布和沙漠东缘，东至呼和浩特市东郊，北界狼山、乌拉山、大青山，南倚鄂尔多斯台地，包括河套、土默川、黄河南岸灌区。

①河套灌区。河套灌区位于黄河上中游内蒙古段北岸的冲积平原，是亚洲最大的一首制灌区和全国三个特大型灌区之一，也是国家和内蒙古自治区重要的商品粮、油生产基地。

新中国成立以来，河套灌区水利建设大致经历了三个阶段。

第一阶段（从新中国成立初期至20世纪60年代初期）：重点解决了引水灌溉工程阶段。1959～1961年，兴建了三盛公枢纽工程，开挖了输水总干渠，使河套灌区引水有了保障。

第二阶段（从20世纪60年代中期开始至80年代末）：以排水工程建设为主的阶段。20世纪80年代，灌区重点开展了灌区灌排配套工程建设，完成了总排干沟扩建、总干渠整治“两条线”和东西“两大片”八个排域的农田配套。从此，河套灌区结束了有灌无排的历史，灌排骨干工程体系基本形成。

第三阶段（从20世纪90年代至今）：以节水为中心的阶段。随着黄河上游工农业经济的发展和用水量的增加，上游来水量日趋减少，再加上河套灌区和宁夏灌区用水高峰重叠，以及灌区内复种、套种指数的提高，灌溉面积的增加，灌区的适时引水日益困难。因此，1998年起，灌区进入了以节水为中心的第三个阶段。

②土默川灌区。土默川灌区位于河套东部，西起包头市磴口，东至呼和浩特美岱村，南北界于黄河与大青山之间，灌区呈三角形，地势由西向东和由东北向西南倾斜，中间以哈素海退水渠最低，大黑河干流穿过灌区东部。

③黄河南岸灌区。黄河南岸灌区位于黄河右岸的冲积平原和部分一级台地。西起三盛公枢纽，东至准格尔旗的十二连城，呈条带状分布。

宁夏引黄灌区：宁夏引黄灌区是我国四大古老灌区之一，已有两千多年的灌溉历史。素有“塞上江南”之美誉，是宁夏主要粮、棉、油产区，也是全国12个商品粮基地之一。

引黄灌区位于黄河上游下河沿——石嘴山两水文站之间，沿黄河两岸地形呈“J”形带状分布。

以青铜峡水利枢纽为界，将其分割为上游的卫宁灌区和下游的青铜峡灌区。卫宁灌区位于黄河沙坡头与青铜峡之间120千米长的狭长地带上，原系多渠系无坝引水。青铜峡灌区为有坝控制引水，位于宁夏北部。

引黄灌区地貌类型为黄河冲积平原，地势平坦，沟渠纵横，海拔1100～1300米。引黄灌区地处中温带干旱区，日照充足，温差较大，热量丰富，无霜期较长。

引黄灌区属大陆性气候，干旱少雨、蒸发强烈。灌区年均蒸发量1100～1600毫米，年均降水量180～200毫米，降水年内分配不均，干、湿季节明显，7月、8月、9月的雨量占全年雨量的60%～70%。虽然本区降雨稀少，但有时秋雨集中，影响夏收及秋作成熟。

汾河灌区：汾河灌区位于山西省中部太原盆地，面积分布在汾河两岸，北起太原市北郊上兰村，南至晋中地区介休县洪相村，长约140千米，东西宽约20千米，西以太（太原）汾（汾阳）公路和磁窑河为界，东以太（太原）三（三门峡）公路和南同蒲铁路为界，是山西省最大的自流灌区之一。

除农业灌溉外，汾河灌区同时还担负着向太原第一热电工厂和第二热电厂、太钢、清徐县东西湖、交城工业园区工业用水以及太原汾河公园、森林公园等公益事业供水的任务。

汾河灌区地处太原盆地的“底部”，属冲积平原地貌。由于处于中纬度大陆性季风带，汾河灌区四季分明。春季多风干燥，夏季多雨、炎热，秋季多（少）晴，冬季少雪、寒冷。

灌区平均降雨量453.1毫米，年际降雨量变化很大，年内分配极不均匀，汛期降雨量占全年降雨量的72%。

灌区多年平均蒸发量为1031.9毫米，多年平均蒸发量为多年平均降雨量的2.28倍。同时由于降雨量分配不均，加之蒸发与降雨量相差悬殊，常有跨年连续干旱或连续雨涝现象的发生，故“十年九旱、春旱交错”是本区的自然特点。

引沁灌区：引沁灌区南依黄河，北靠太行山南麓，始建于1965年，1968年初具规模，1969年6月通水灌溉。现有总干渠1条，干渠15条，总干加支渠16条，支渠138条，中小型水库37座，蓄水池200个，提灌站156座，机井676眼以及相应的管理设施，已经形成自流、蓄灌、提灌、井渠结合的引蓄灌溉工程网络。

小浪底水库北岸灌区：小浪底水库北岸灌区是小浪底水利枢纽的配套工程，利用小浪底水库优良的水质、充沛的水量，使洛阳、焦作、济源三市供水条件得到改善，为城乡工矿企业、城市居民生活和农业灌溉供水，改善引沁灌区、广利灌区水量的不足，解决山岭区人畜饮水困难，缓解灌区内地下水的过度开采，补充地下水，改善生态环境。

二 黄河流域水资源总量分布特征

（一）黄河流域水资源总量

水资源总量是指当地降水形成的地表和地下产水总量，即地表产流量与降水入渗补给地下水量之和。在计算中，既可由地表水资源与地下水资源量相加，扣除两者之间的重复量求得，也可由地表水资源量加上地下水与地表水资源不重复量求得。

黄河流域多年平均水资源总量为735亿立方米（不包括内流区），其中地表水资源量659亿立方米，占水资源总量的89.7%，地下水资源量399亿立方米（指矿化度小于2g/L的浅层地下水），与地表水重复计算量323亿立方米，与地表水不重复计算的地下水资源量为76亿立方米，占水资源总量的10.3%。

黄河流域水资源总量占全国水资源总量的2.6%，在全国七大江河中居第4位。人均水资源量905立方米，亩均水资源量381立方米，分别是全国人均、亩均水资源量的1/3和1/5，在全国七大江河中分别为第4位和第5位，可见黄河水资源贫乏。

流域内水资源总量的地区分布很不均匀，兰州以上流域面积占全河流域面积的29.6%，水资源总量却占全流域水资源总量的47.3%。

龙门至三门峡区间流域面积占全流域面积的25%，水资源总量占全流域水资源总量的23%。而兰州至河口镇区间流域面积占全河流域面积的21.7%，水资源总量只占全流域水资源总量的5%。

2009年，黄河流域降水总量为3501.2亿立方米，地表水资源量为551.7亿立方米，地下水资源量为385.0亿立方米，地下水与地表水资源量不重复量为105.2亿立方米，水资源总量为656.9亿立方米。

（二）省级层面水资源禀赋比较

表6-1是黄河流经的9个省区内黄河流域水资源量及其占全省水资源量的比例。从中可以看出，2009年青海省黄河流域水资源总量最大，为263.34亿立方米，其次是陕西省，为123.76亿立方米。

表6-1　各省黄河流域水资源总量及占全省水资源总量的比例

单位：亿立方米，%

省级行政区	黄河流域	全省	黄河流域占全省比例
青海省	263.34	895.11	29.42
四川省	22.93	2486.2	0.92
甘肃省	94.58	244.14	38.74
宁夏回族自治区	2.36	8.42	28.03
内蒙古自治区	40.46	378.15	10.70
陕西省	123.76	445.08	27.81
山西省	51.68	87.38	59.14
河南省	49.79	328.77	15.14
山东省	23.52	284.95	8.25

资料来源：各省区2009年水资源公报。

黄河流域水资源总量最小的是宁夏回族自治区，仅有2.36亿立方米。从相对量来看，山西省黄河流域水资源量占全省水资源总量的比例最高，为59.14%；其次是甘肃省，为38.74%；所占比例较小的是四川省，只有0.92%，山东省也只有8.25%（见图6-3）。

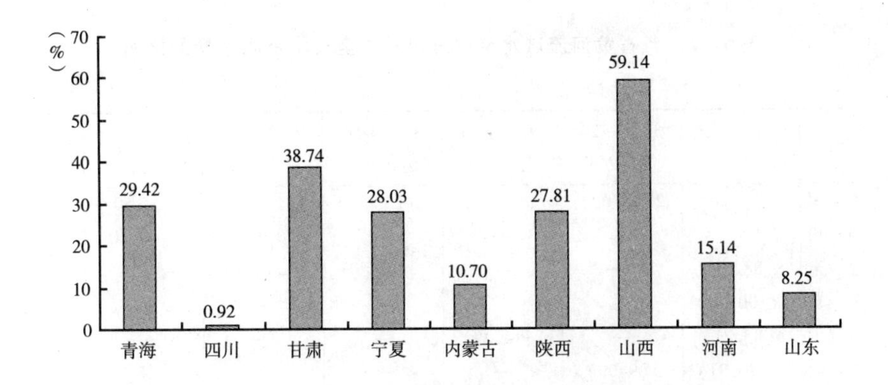

图 6－3　不同省区黄河流域水资源量占全省水资源总量的比例

（三）地级层面上水资源禀赋比较

黄河流域 9 省区 68 个地级行政区水资源禀赋差异性较大，水资源总量超过 100 亿立方米的地级行政区有 4 个，其中，四川省阿坝州水资源总量为 306.48 亿立方米，其次是青海省玉树州，水资源总量为 379.70 亿立方米，果洛州为 178.61 亿立方米，海西州为 177.89 亿立方米。

水资源禀赋较差的地级行政区也有 4 个，水资源总量低于 5 亿立方米，它们均分布在甘肃省内，兰州市为 0.95 亿立方米，白银市 1.96 亿立方米，平凉市 2.63 亿立方米，临夏州 4.42 亿立方米。

为了更好地分析 68 个地级行政区水资源禀赋的分布情况，我们将水资源总量划分了 6 个区间范围，即 10 亿立方米以下，10 亿～20 亿立方米、20 亿～30 亿立方米、30 亿～50 亿立方米、50 亿～100 亿立方米、100 亿立方米以上，每个区间范围地市级行政区个数及其所占本省个数的比例见表 6－2、图 6－4。

从表 6－2 可以看出，在黄河流域 68 个地级行政区中，水资源总量在 10 亿立方米以下的地级行政区有 38 个，占总数的 55.88%；10 亿～20 亿立方米范围内的地级行政区有 14 个，占总数的 20.59%；20 亿～30 亿立方米范围内的地级行政区有 7 个，占总数的 10.29%；

表 6-2　各省黄河流域水资源总量及占全省水资源总量的比例

单位：个，%

行政区	10 亿立方米以下	10 亿~20 亿立方米	20 亿~30 亿立方米	30 亿~50 亿立方米	50 亿~100 亿立方米	100 亿立方米以上	合计
青　海	—	2(25.00)	—	2(25.00)	1(12.50)	3(37.50)	8
四　川	—	—	—	—	—	1(100.00)	1
甘　肃	8(88.89)	—	—	—	1(11.11)	—	9
宁　夏	4(100.00)	—	—	—	—	—	4
内蒙古	6(85.71)	—	1(14.29)	—	—	—	7
山　西	10(90.91)	1(9.09)	—	—	—	—	11
陕　西	4(44.44)	2(22.22)	2(22.22)	—	1(11.11)	—	7
河　南	4(44.44)	5(55.56)	—	—	—	—	9
山　东	2(20.00)	4(40.00)	4(40.00)	—	—	—	10
合　计	38	14	7	2	3	4	68
比　例	55.88	20.59	10.29	2.94	4.41	5.88	100.00

注：括号中的数据是所占本省地级行政区个数的比例。

资料来源：根据各省区 2009 年水资源公报中相关数据计算得到。

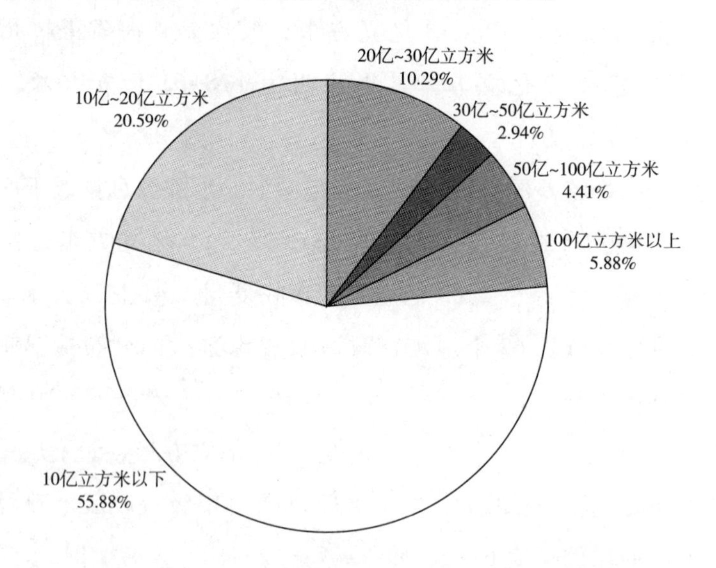

图 6-4　不同水资源禀赋范围内地级行政区分布情况

30 亿~50 亿立方米范围内的地级行政区有 2 个，占总数的 2.94%；50 亿~100 亿立方米范围内的地级行政区有 3 个，占总数的 4.41%；100 亿立方米以上的地级行政区有 4 个，占总数的 5.88%。

黄河流域68个地级行政区人均水资源量差异性比较大，有5个地市区人均水资源量低于100立方米，即甘肃省兰州市（29.3立方米）、陕西省杨凌示范区（31.6立方米）、内蒙古乌海市（53.3立方米）、宁夏回族自治区的吴忠市（79.7立方米）、银川市（98.3立方米）。

相反，处于水源发源地的一些民族地区，人口数量少，水资源丰富，人均水资源量远远高于全国平均水平，人均水资源量高于10000立方米的有7个州，其中青海省有5个州，分别是果洛州（107596.4立方米）、玉树州（106358.5立方米）、海西州（46085.5立方米）、海北州（20496.4立方米）、黄南州（15740.9立方米）；甘肃省甘南州人均水资源量也达到了1203.19立方米，四川省阿坝州人均水资源量为34358.7立方米。空间分布情况见图6－5。

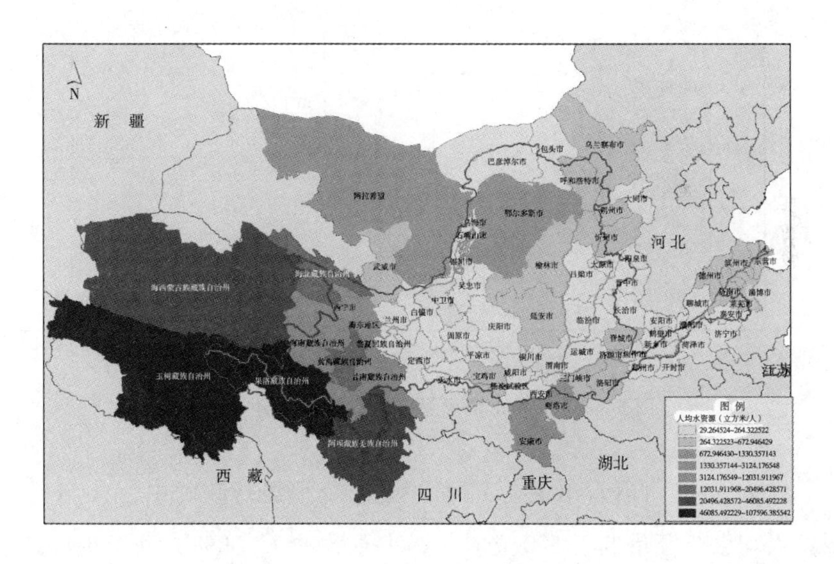

图6－5　人均水资源的空间分布情况

按照国际公认的标准，人均水资源低于3000立方米为轻度缺水，低于2000立方米为中度缺水，低于1000立方米为重度缺水，低于500立方米为极度缺水。根据此标准，我们分析黄河流域68个地级行政区的分布情况，结果见表6－3、图6－6。

表 6－3　人均水资源量的地级行政区分布情况

单位：个，%

行政区	500 立方米以下	500～1000 立方米	1000～2000 立方米	3000 立方米以上	合计
青　海		2		6	8
四　川				1	1
甘　肃	8			1	9
宁　夏	4				4
内蒙古	5		2		7
陕　西	6	1	1	1	9
山　西	10	1			11
河　南	8	1			9
山　东	10				10
合　计	51	5	3	9	68
比　例	75.00	7.35	4.41	13.24	100.00

资料来源：根据各省区 2009 年水资源公报中的相关数据计算得到。

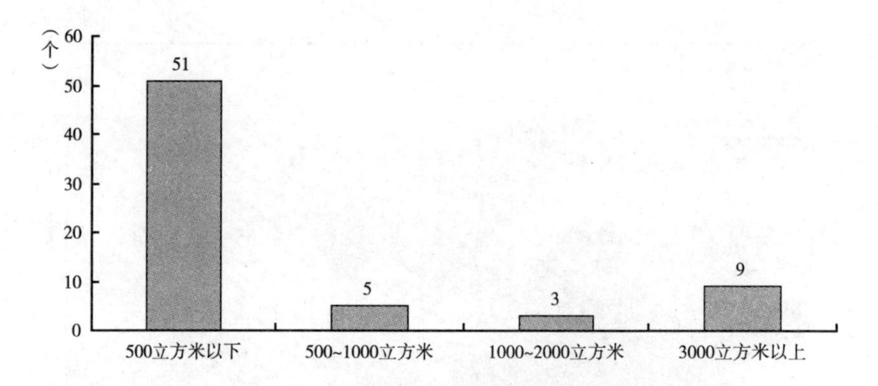

图 6－6　人均水资源量的地级行政区分布情况

从表 6－3 可以看出，在黄河流域 68 个地级行政区中，有 51 个行政区人均水资源量低于 500 立方米，占总数的 75.00%，处于极度缺水状态；处于重度缺水状态的地级行政区有 5 个，占总数的 7.35%；处于中度缺水状态的地级行政区有 3 个，占总数的 4.41%；人均水资源量高于3000 立方米的地级行政区有 9 个，占总数的 13.24%。由此可以看出，黄河流域地级行政区缺水状况非常严重，不单是黄河流域下游的河南、山东，处于黄河上中游的甘肃、宁夏、内蒙、陕西也如此。

从单位耕地水资源量来看，青海省作为我国牧业大省，也是三江源保护区所在地，耕地面积少，因此，单位耕地面积拥有的水资源量自然比较大，四川省的阿坝州也如此。单位耕地面积拥有水资源较丰富的5个地级行政区中，青海省占有4个，它们是果洛州（1786万立方米/公顷）、玉树州（277.15立方米/公顷）、海西州（50.97万立方米/公顷）、黄南州（19.84万立方米/公顷）；四川省阿坝州单位耕地拥有水资源量为51.00万立方米/公顷。

单位耕地面积拥有水资源量低于1000万立方米/公顷的地级行政区有8个，主要分布于农业区域，耕地面积较大，而水资源总量较少。其中，甘肃省有3个市，它们是兰州市（451立方米/公顷）、白银市（654立方米/公顷）、平凉市（706立方米/公顷）；内蒙古自治区有2个市，它们是巴彦淖尔市（575立方米/公顷）、乌兰察布盟（825立方米/公顷）；宁夏回族自治区有2个市，它们是吴忠市（389立方米/公顷）、固原市（886立方米/公顷）；陕西省杨凌示范区单位耕地面积拥有水量为960立方米/公顷。单位耕地面积拥有水资源量的空间分布见图6-7。

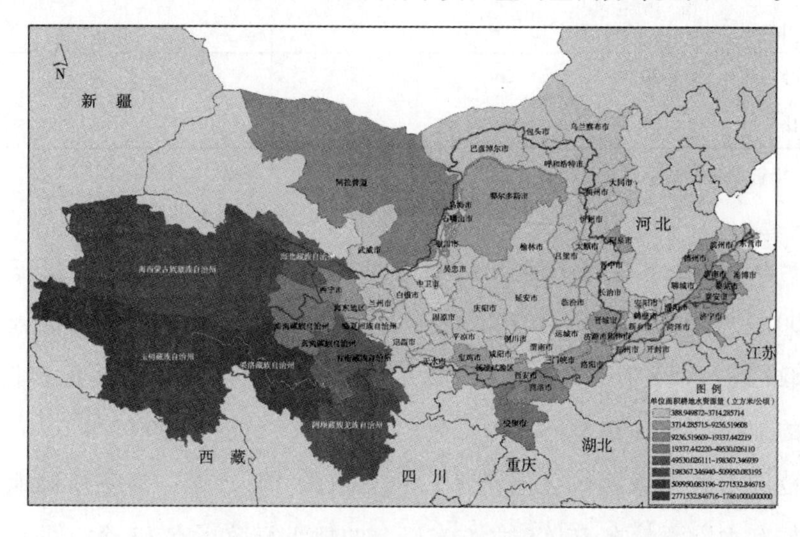

图6-7　单位面积耕地拥有水资源的空间分布

将单位耕地面积（每公顷）拥有水资源量划分为6个区间范围：2000立方米以下、2000～4000立方米、4000～6000立方米、6000～8000立方米、8000～10000立方米、10000立方米以上，分析不同区间范围内地级行政区的分布情况，结果见表6－4、图6－8。

表6－4　单位耕地面积拥有水资源量的地级行政区分布情况

单位：个，%

省级行政区	2000立方米以下	2000～4000立方米	4000～6000立方米	6000～8000立方米	10000立方米以上
青　海	—	—	—	1	7
四　川	—	—	—	—	1
甘　肃	5	3	—	—	1
宁　夏	4	—	—	—	—
内蒙古	4	1	1	—	1
陕　西	2	3	—	2	2
山　西	5	4	2	—	—
河　南	—	5	2	2	—
山　东	—	4	3	2	1
合　计	20	20	8	7	13
比　例	29.41	29.41	11.76	10.29	19.12

资料来源：根据各省区2009年水资源公报中相关数据计算得到。

从表6－4中可以看出，每公顷耕地面积拥有水资源量低于2000立方米的地级行政区和处于2000～4000立方米范围内的地级行政区各有20个，均占总数的29.41%；处于4000～6000立方米范围的地级行政区有8个，占总数的11.76%；处于6000～8000立方米范围内的地级行政区有7个，占总数的10.29%；每公顷耕地面积拥有水资源量在10000立方米以上的地级行政区有13个，占总数的19.12%。

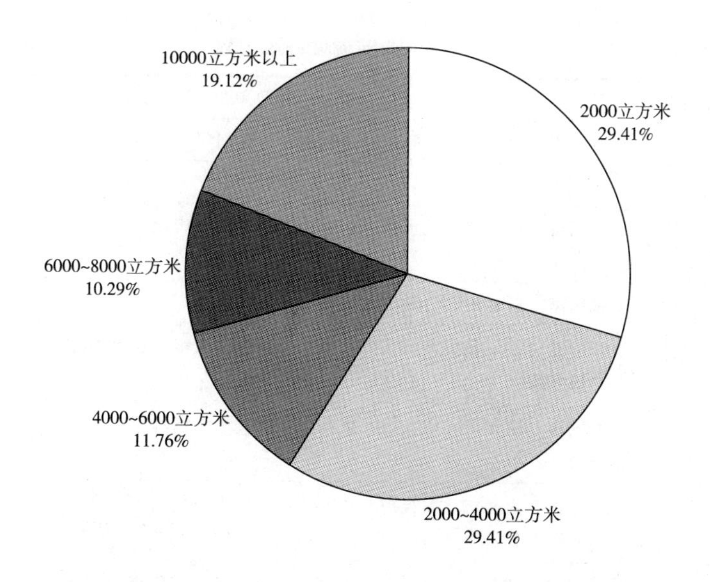

图 6－8　单位耕地面积拥有水资源量的地级行政区分布情况

三　黄河流域社会经济状况

（一）黄河流域地级行政区域

上文已经提到，目前黄河流经青海、四川、甘肃、宁夏、内蒙古、山西、陕西、河南、山东 9 个省级行政区，从山东省境注入渤海。其中青海省的黄河流域面积最大，达 15.3 万平方公里，占黄河流域总面积的 19.1%；山东省最少，仅 1.3 万平方公里，占流域总面积的 1.6%。

根据目前的行政划分，黄河流域共涉及 68 个地级行政区，见表 6－5，其分布情况见图 6－9。

（二）黄河流域社会经济状况及分布特点

对 68 个地级行政单位按照所在省区进行划分，主要经济指标的平均值见表 6－6。从中可以看出，山东省 GDP 总量最大，为 1743.60 亿元，其次是河南省，为 1214.33 亿元，内蒙古居第 3 位，

表 6－5　黄河流域行政区划

省级行政单位	地级行政单位
青海省	西宁市　海东地区　海北州　黄南州　海南州　果洛州　玉树州　海西州
四川省	阿坝藏族羌族自治州
甘肃省	兰州市　白银市　天水市　武威市　平凉市　庆阳市　定西市　临夏州　甘南州
宁夏回族自治区	银川市　石嘴山市　吴忠市　固原市
内蒙古自治区	呼和浩特市　包头市　乌兰察布市　鄂尔多斯市　巴彦淖尔市　乌海市　阿拉善盟
陕西省	西安市　铜川市　宝鸡市　咸阳市　延安市　榆林市　安康市　商洛市　杨凌区
山西省	太原市　大同市　阳泉市　长治市　晋城市　朔州市　晋中市　运城市　忻州市　临汾市　吕梁市
河南省	郑州市　开封市　洛阳市　安阳市　新乡市　焦作市　濮阳市　三门峡市　济源市
山东省	济南市　淄博市　东营市　济宁市　泰安市　莱芜市　德州市　聊城市　滨州市　菏泽市

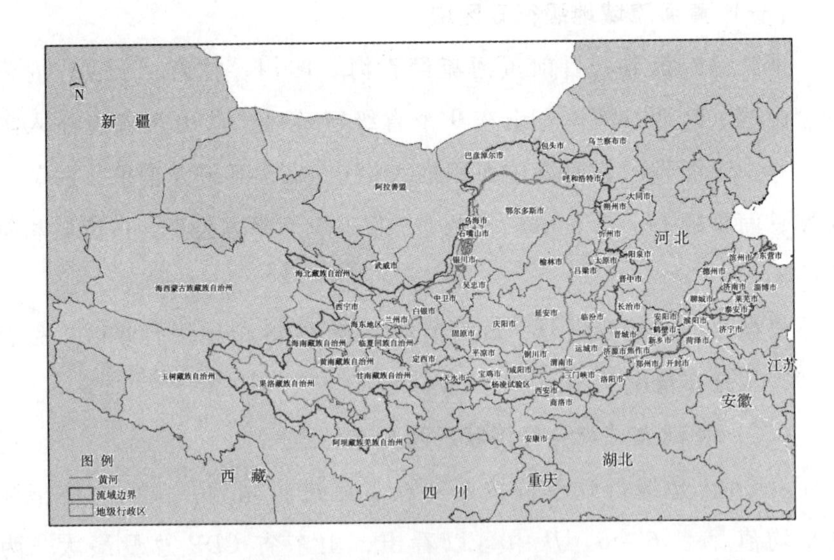

图 6－9　黄河流域的空间位置

为 1077.14 亿元；四川省、青海省、甘肃省各地市州的 GDP 总量比较小，分别为 109.59 亿元、138.13 亿元、269.42 亿元，远远低于山东省、河南省、内蒙古自治区各地市盟的 GDP 总量。

表 6-6　不同省份地级行政区划主要经济指标

单位：亿元，万人，元/人

行政区	GDP	人口	人均 GDP	农民人均纯收入
青　海	138.13	67.88	19591	3539
四　川	109.59	89.20	12186	3066
甘　肃	269.42	236.32	11021	2837
宁　夏	298.30	127.83	23819	4514
内蒙古	1077.14	163.96	72540	7138
山　西	683.67	311.58	23409	4767
河　南	1214.33	436.00	28391	5735
陕　西	792.10	323.82	23049	4342
山　东	1743.60	519.96	40274	6650

资料来源：根据各省市区 2010 年统计年鉴中的相关数据计算得到。

山东省、河南省、陕西省各地市的人口规模也较大，分别为 519.96 万人、436.00 万人、323.82 万人；相反，青海省、四川省各地市州的人口规模较小，分别为 67.88 万人、89.20 万人。

从人均 GDP 来看，内蒙古各地市盟最高，为 72540 元/人；其次是山东省，为 40274 元/人；甘肃省、四川省各地市州较低，分别为 11021 元/人、12186 元/人。

农民人均纯收入与人均 GDP 表现出相似的特征，内蒙古自治区最高，为 7138 元/人，其次是山东省，为 6650 元/人；甘肃省、四川省较低，分别为 2837 元/人、3066 元/人。

GDP、人口、人均 GDP、农民人均纯收入之间的对比见图 6-10。

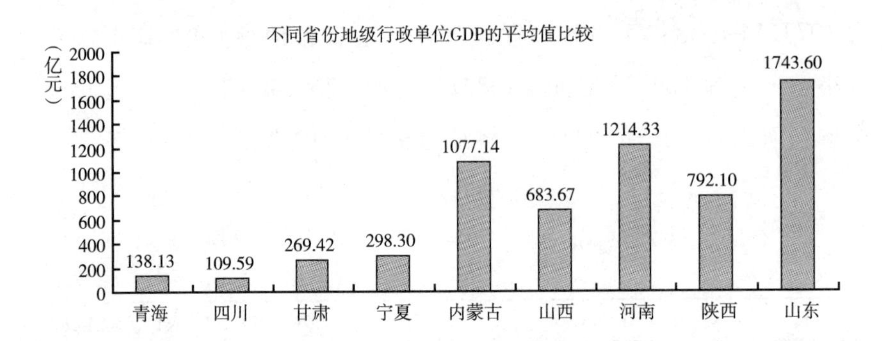

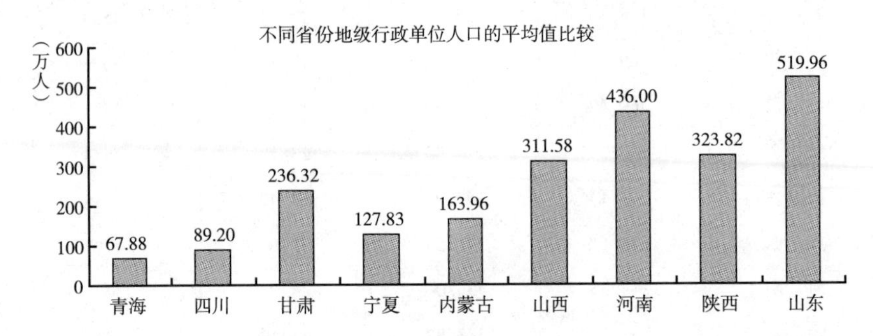

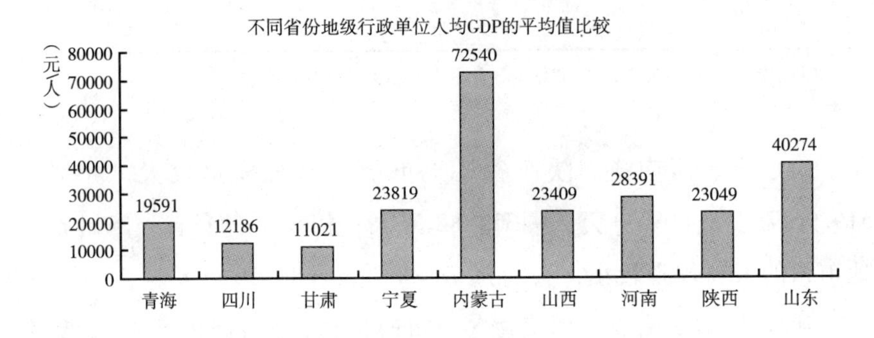

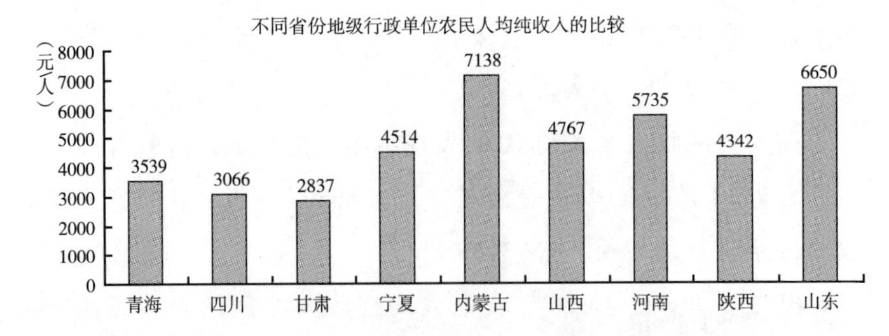

图6－10　不同省区主要社会经济指标的对比

表6－7是68个地级行政单位的主要社会经济指标。从中可以看出，黄河流域68个地级行政单位中，国土面积差异性非常明显，最大的是青海省的海西州，为300908平方公里，最小的是陕西省的杨凌示范区，仅仅94平方公里；平均国土面积为32446平方公里，标准差为57377.4。

表6－7　地级行政区划主要经济指标

单位：平方公里，亿元，万人，元/人

省级行政区	地级行政区	幅员	GDP	人口	人均GDP	农民人均纯收入
青海省	西宁市	7690	501.07	193.9	22865	4699
	海东地区	13496	135.67	161.4	8565	3827
	海北州	33568	42.63	28	15261	4023
	黄南州	18348	34.64	24.7	15047	2633
	海南州	45785	58.72	44.1	13244	3822
	果洛州	74033	15.05	16.6	9326	2430
	玉树州	203000	25.48	35.7	7131	2335
	海西州	300908	291.78	38.6	65290	4544
四川省	阿坝州	83400	109.59	89.2	12186	3066
甘肃省	兰州市	13103	925.98	323.6	27904	4001
	白银市	20164	265.33	179.6	15125	2984
	天水市	14312	260.00	363.5	7584	2404
	武威市	32517	192.79	191.3	10068	3972
	平凉市	11197	195.66	228.9	8899	2716
	庆阳市	27220	302.22	261	11973	2686
	定西市	19646	131.94	299.7	4491	2380
	临夏州	8117	93.17	206.6	4673	2089
	甘南州	38312	57.65	72.7	8472	2301
宁夏回族自治区	银川市	9560	644.24	170.2	38392	5389
	石嘴山市	5209	270.78	72.7	37050	5315
	吴忠市	20732	190.23	133.3	13943	4391
	固原市	13457	87.93	135.1	5891	2962

续表

省级行政区	地级行政区	幅员	GDP	人口	人均 GDP	农民人均纯收入
内蒙古自治区	呼和浩特市	17200	1643.99	270.9	61108	7802
	包头市	27700	2168.80	257.2	84979	7826
	乌兰察布市	64400	500.01	212.6	23489	4144
	鄂尔多斯市	54700	2161.00	162.5	134361	7803
	巴彦淖尔市	59800	509.86	173.3	29384	7342
	乌海市	202600	311.21	48.8	64147	8226
	阿拉善盟	270200	245.11	22.4	110311	6821
山西省	太原市	6988	1545.24	350.2	44319	6828
	大同市	14127	596.26	319.5	18710	3589
	阳泉市	4570	348.71	132.4	26383	5801
	长治市	13896	775.29	329.9	23558	5337
	晋城市	9490	606.05	223.9	27108	5255
	朔州市	10623	561.31	154.4	36452	5124
	晋中市	16404	636.81	313.9	20335	5194
	运城市	13964	723.01	509.5	14218	4110
	忻州市	25000	349.31	309.7	11292	3028
	临汾市	20275	766.87	422.2	18215	4749
	吕梁市	21095	611.56	361.8	16904	3426
河南省	郑州市	7446	3308.51	666.4	44231	8121
	开封市	6444	778.72	486.3	16571	4695
	洛阳市	15200	2001.48	657.5	31170	4961
	安阳市	7413	1124.88	544.6	21578	5595
	新乡市	8169	991.98	563.5	17992	5431
	焦作市	4071	1071.42	348.1	31356	6590
	濮阳市	4266	661.63	365.2	18855	4411
	三门峡市	10496	702.75	224.0	31587	5046
	济源市	1931	287.61	68.4	42181	6763
陕西省	西安市	10108	2724.08	781.7	32411	6275
	铜川市	3890	154.40	85.3	18375	3968
	宝鸡市	18143	806.54	378.8	21525	4186
	咸阳市	10196	873.20	516.4	17434	4206
	延安市	37030	728.26	227.5	33898	4258
	榆林市	43070	1302.31	359.1	38950	4127
	安康市	23529	274.95	303.6	10341	3313
	商洛市	19586	224.47	243.0	9383	3002
	杨凌示范区	94	40.68	19.0	25128	5744

续表

省级行政区	地级行政区	幅员	GDP	人口	人均 GDP	农民人均纯收入
山东省	济南市	7999	3340.91	603.3	50219	7805
	淄博市	5965	2445.28	421.4	54229	8013
	东营市	7923	2058.97	184.6	102370	7327
	济宁市	11194	2238.12	831.3	27982	6470
	泰安市	7762	1715.66	555.8	31375	6600
	莱芜市	2246	471.30	126.4	36907	7317
	德州市	10356	1475.08	569.0	26671	6138
	聊城市	8715	1378.37	590.9	24657	5539
	滨州市	9033	1354.99	377.5	36679	6245
	菏泽市	12194	957.31	939.4	11649	5047
最大值		300908	3340.91	939.4	134361	8226
最小值		94	15.05	16.6	4491	2089
平均值		32446	814.51	292.4	29329	4920
标准差		57377.4	805.3	212.2	24794.9	1724.1

资料来源：9 省区 2010 年统计年鉴。

68 个地级行政单位 GDP 的平均值为 814.51 亿元，其中 GDP 最高的是山东省济南市，为 3340.91 亿元，最低的是青海省的果洛州，仅为 15.05 亿元。GDP 的标准差为 805.3。

人口最多的是山东省菏泽市，达到了 939.4 万人，最少的是青海省的果洛州，只有 16.6 万人。平均人口规模为 292.4 万人，标准差为 212.2。

人均 GDP 最高的是内蒙古的鄂尔多斯市，达到了 134361 元/人，最低的是甘肃省定西市，仅仅 4491 元/人。平均值为 29329 元/人，标准差为 24794.9。

农民人均纯收入最高的是内蒙古的乌海市，达到了 8226 元/人，最低的甘肃省的临夏州，只有 2089 元/人。平均值为 4920 元/人，标准差为 1724.1。

第二节　黄河流域水资源与其他资源的匹配状况

一　水资源与其他资源匹配状况计算方法

基尼系数通常用来表征居民收入的差异程度，测算时将人口按收入水平分级后构建基尼曲线求得，基于基尼系数的这个特点，采取相似的方法，构建区域农业生产要素中的农业劳动力资源、水资源、耕地资源彼此之间匹配的基尼系数。区域基尼曲线构建的步骤如下。

（1）计算各个地市要素匹配水平分级指标 R_{WC}、R_{WL}、R_{CL}。

$$R_{WC} = C/W \quad R_{WL} = L/W \quad R_{CL} = L/C \tag{6-1}$$

其中，R_{WC}、R_{WL}、R_{CL}分别为单位体积水资源所需服务的耕地面积、单位水资源所需服务的劳动力数量、单位耕地面积所需服务的劳动力数量，这三个相对值即为要素匹配水平分级指标，并且按照该相对值对各地市进行排序；W、C、L 分别为水资源量、耕地面积、农业劳动力数量。

（2）分别计算出不同地市三种要素占黄河流域 68 个地级行政区对应要素的比例 r_{Wi}、r_{Ci}、r_{Li}。

$$r_{Wi} = W_i/W_T \quad r_{Ci} = C_i/C_T \quad r_{Li} = L_i/L_T \tag{6-2}$$

其中，W_i、C_i、L_i 分别为各地市的水资源量、耕地面积以及农业劳动力数量；W_T、C_T、L_T 分别为黄河流域 68 个地级行政区的水资源量、耕地面积以及农业劳动力数量；其中，$i=1, 2, \cdots, 68$。

（3）按照排序，依次计算出每两种资源各区域比例的累计总和 r_{TWi}、r_{TCi}、r_{TLi}。

$$r_{TW1}=r_{w1}\quad r_{TW2}=r_{w1}+r_{w2}\quad r_{TW3}=r_{w1}+r_{w2}+r_{w3},\cdots,\quad r_{TW68}=r_{w1}+r_{w2}+r_{w3}+\cdots+r_{w68} \tag{6-3}$$

$$r_{TC1}=r_{C1}\quad r_{TC2}=r_{C1}+r_{C2}\quad r_{TC3}=r_{C1}+r_{C2}+r_{C3},\cdots,\quad r_{TC68}=r_{C1}+r_{C2}+r_{C3}+\cdots+r_{C68} \tag{6-4}$$

$$r_{TL1}=r_{L1}\quad r_{TL2}=r_{L1}+r_{L2}\quad r_{TL3}=r_{L1}+r_{L2}+r_{L3},\cdots,\quad r_{TL68}=r_{L1}+r_{L2}+r_{L3}+\cdots+r_{L68} \tag{6-5}$$

根据基尼系数的含义，如果基尼系数为0，表示收入分配完全平等；如果基尼系数为1，表示收入分配绝对不平等。该系数可在0和1之间取任何值。收入分配越是趋向平等，洛伦兹曲线的弧度越小，基尼系数也越小；反之，收入分配越是趋向不平等，洛伦兹曲线的弧度越大，那么基尼系数也越大。农业生产要素之间越匹配，则曲线越与45°线接近，当各地（市、州）农业生产要素极度匹配时，曲线与45°线重合，即 $G=0$；相反，若某一种农业生产要素几乎完全集中在某一地（市、州），而该区域的其他要素又很少时，则区域基尼系数 G 越接近于1，说明农业生产要素极不匹配。也就是说，基尼系数越大，说明两种生产要素的匹配程度越差；相反，基尼系数越小，说明两种生产要素的匹配程度越好。

根据基尼系数的计算方法，采用梯形面积法计算资源匹配状况的区域基尼系数，其公式如下：

$$\text{Gini 系数}=1-\sum_{i=1}^{n}(X_i-X_{i-1})(Y_i+Y_{i-1}) \tag{6-6}$$

其中，X_i、Y_i 分别为两种资源的累积百分比。当 $i=1$ 时，(X_{i-1}, Y_{i-1}) 视为（0，0）。n 为黄河流域地级行政区，取值为1，2，3，4，…,68。

这里采取如下划分方法。

基尼系数小于0.2，表示两种资源“高度匹配”或“绝对匹配”；

基尼系数为0.2～0.3，表示两种资源“相对匹配”；

基尼系数为0.3～0.4，表示两种资源“匹配比较合理”；

基尼系数为0.4～0.5，表示两种资源“相对不匹配”；

基尼系数高于0.5，表示两种资源“高度不匹配”。

二　不同资源之间匹配状况计算结果

本部分在分析水资源、耕地资源与农业劳动力资源之间的匹配状况之前，根据基尼系数的内涵，研究水资源在产业之间的分配是否合理。为此做如下假设：农业、工业耗用一定比例的水资源，需要贡献相同比例的GDP，则水资源分配为合理的。

（一）水资源在产业之间的分配情况

根据2009年黄河流域68个地级行政区工业、农业用水量指标及各行政区第一产业GDP值、第二产业GDP值，按照人均水资源占有量进行降序排列，分别计算工业、农业用水量指标及各地级行政区第一产业GDP值的累计百分比、第二产业GDP值的累计百分比。以农业、工业用水占全国的累计比例作为纵坐标，以经济贡献GDP的累计比例作为横坐标，做出农业、工业水资源的洛伦兹曲线图，如图6－11。洛伦兹曲线反映了水资源分配的不均衡程度，弯曲度越大，表示水资源分配越不平均。

计算结果表明，2009年黄河流域农业、工业用水与GDP匹配的基尼系数分别是0.3542、0.3443。农业用水基尼系数和工业用水基尼系数均为0.3～0.4，处于比较合理的状态，也就是说，农业、工业生产过程中耗用一定比例水资源的同时也贡献了相同比例的GDP。

（二）水资源、耕地资源匹配状况

黄河流域水资源与耕地资源匹配的区域基尼系数为0.8031，远远高于0.5，表示黄河流域水资源与耕地资源之间“高度不匹配”。这一数据高于我国（省际）的水土资源匹配区域基尼系数0.5664，

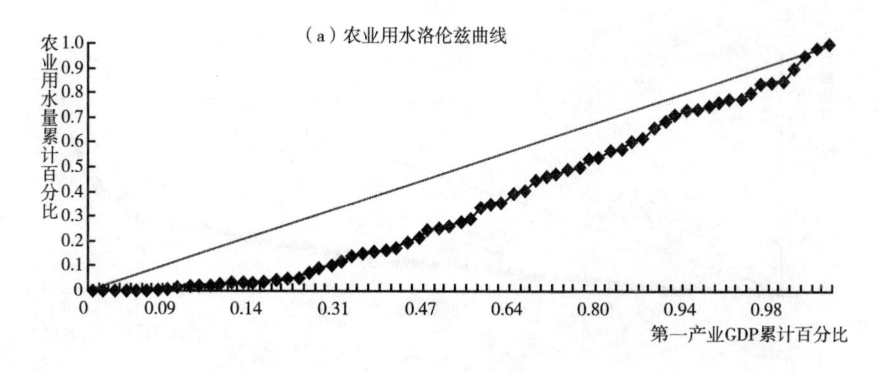

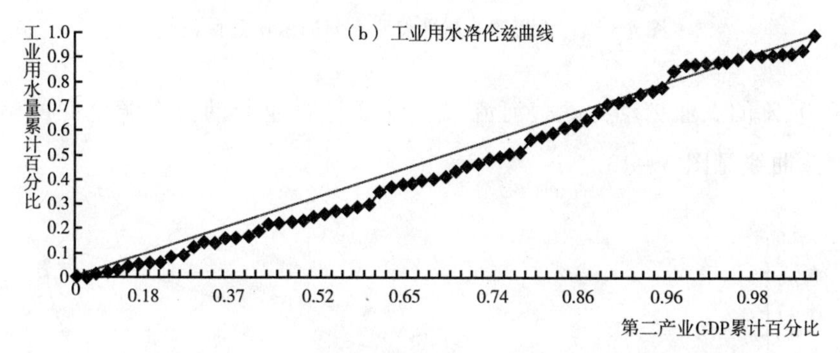

图 6－11　农业、工业用水洛伦兹曲线

也高于全球（国家之间）范围内的水土资源匹配区域基尼系数 0.5864。这表明，黄河流域地级行政区之间水土资源匹配的程度比全国、全球尺度水土资源匹配的程度要差一些。

有关数据表明，黄河流域 17.73% 的水资源需要服务该流域 81.13% 的耕地面积。黄河流域水资源与耕地资源之间的洛伦兹曲线见图 6－12。

（三）水资源、农业劳动力资源匹配状况

黄河流域水资源与农业劳动力资源匹配的区域基尼系数为 0.7772，远远高于 0.5，表示黄河流域水资源与农业劳动力资源之间“高度不匹配”。

有关数据表明，黄河流域 18.39% 的水资源需要服务该流域

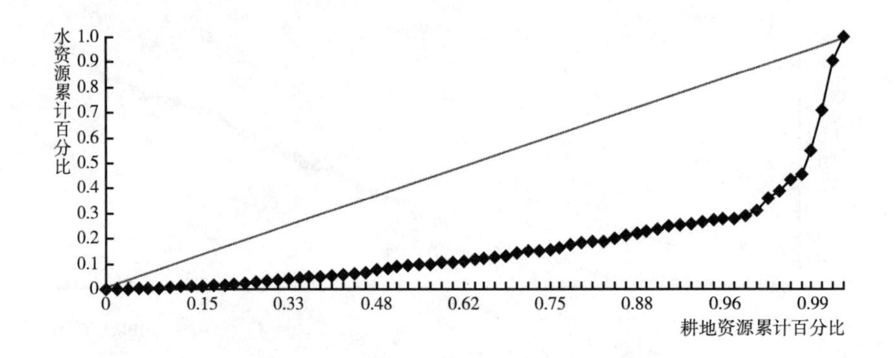

图 6-12 水资源、耕地资源之间的洛伦兹曲线

80.01%的农业劳动力。黄河流域水资源与农业劳动力资源之间的洛伦兹曲线见图 6-13。

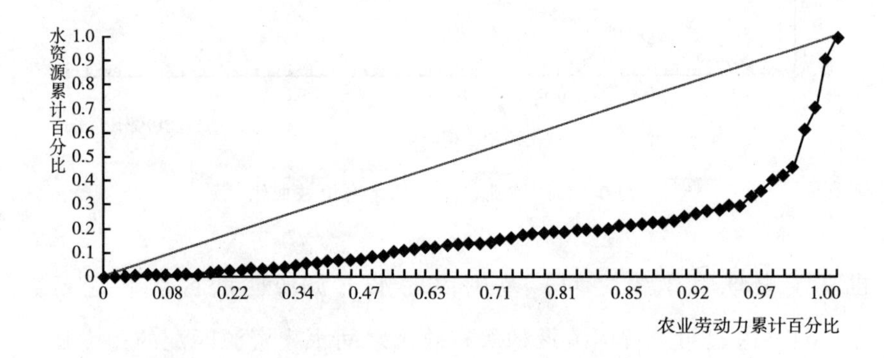

图 6-13 水资源、农业劳动力资源之间的洛伦兹曲线

（四）耕地资源、农业劳动力资源匹配状况

黄河流域耕地资源与农业劳动力资源匹配的区域基尼系数为 0.2982，处于 0.2~0.3 之间，表示黄河流域耕地资源与农业劳动力资源之间相对匹配。

有关数据表明，黄河流域 61.01% 的耕地资源为该流域 80.36% 的农业劳动力所耕作。黄河流域耕地资源与农业劳动力资源之间的洛伦兹曲线见图 6-14。

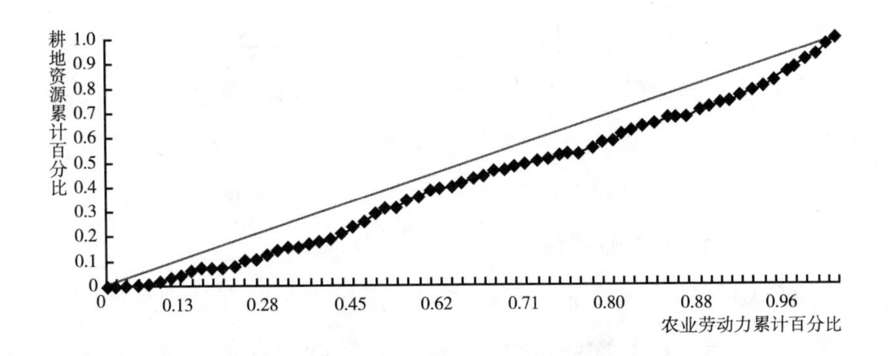

图 6 - 14　耕地资源、农业劳动力资源之间的洛伦兹曲线

第三节　黄河流域水资源对农业生产的影响分析

一　分析模型

依据西部地区农业经济发展状况和水资源利用特征，采用生产函数法，对水资源在区域农业经济增长中的贡献率进行计量分析。

（一）常用生产函数的变量

严格来讲，生产函数只包括实物变量，不包括价值变量。但是在实际应用中，常常引入不变价格，将众多的同类生产要素合并成一个变量。例如，按不变价格将众多的资本合并为单一的资本量；按固定工资率将各种劳动合并为单一的劳动量。同时，由于中间投入与产出之间通常有比较固定的比例关系，实际应用的生产函数往往将中间投入撇开，而集中研究初始投入与产出的关系。综合以上两点，常用生产函数的基本形式一般写为：

$$Y = f(L,K) \tag{6-7}$$

其中，Y 表示产出量，L 表示劳动投入量，K 表示资本投入量。

要获得（6－7）式的具体函数形式，必须通过函数中三个变量，即产出量 Y、劳动投入量 L 和资本投入量 K 的统计数据，以及与其相关的统计数据，如产出产品与投入要素价格等，对相关参数进行估计。所有这些数据可以是时序数据，也可以是横截面数据。

（二）生产函数的特性

生产函数具体形式的设定和估计，不仅要符合有关生产理论，而且要掌握生产函数的特点和性质。生产函数的特点和性质主要通过下面这些概念来描述。

规模报酬：规模报酬是指所有的投入要素都按同一比例变动时，产出是否也按同一比例变动的问题。在某些情况下，生产函数（6－7）式在一些特殊点上显现出一定的规模报酬现象。即在（L，K）点，局部呈现出如下性质，对于所有的 $\lambda>1$，

当 $f(\lambda_L, \lambda_K)=\lambda f(L, K)$ 时，为不变规模报酬；

当 $f(\lambda_L, \lambda_K)>\lambda f(L, K)$ 时，为规模报酬递增；

当 $f(\lambda_L, \lambda_K)<\lambda f(L, K)$ 时，为规模报酬递减。

具有不变规模报酬的生产函数在数学上称为一阶齐次函数，对于所有的（L，K）点，满足：

$$f(\lambda_L,\lambda_K) = \lambda f(L,K), \qquad \lambda > 0 \tag{6-8}$$

关于一阶齐次函数有如下欧拉定理：

$$\frac{\partial f}{\partial L}\cdot L + \frac{\partial f}{\partial K}\cdot K = f(L,K) \tag{6-9}$$

将利润最大化的一阶条件代入（6－9）式，得：

$$w_1 L + w_2 K = Pf(L,K) \tag{6-10}$$

在（6－10）式中，w_1 是劳动 L 的价格，w_2 是资本 K 的价格，P 是产出产品的价格，该式表明劳动力要素收入与资本要素收入之和等于总产出价值，表明在完全竞争和利润最大化条件下，不变规模报酬

意味着总收入等于总产出。

一般情况下，生产函数具有正的 h 阶齐次性质。即对于所有的 (L, K)，

$$f(\lambda L,\lambda K) = \lambda h f(L,K), \quad \lambda > 0 \tag{6-11}$$

当 $h=1$ 时，为不变规模报酬；

当 $h>1$ 时，呈现递增的规模报酬；

当 $h<1$ 时，递减的规模报酬。

不变规模报酬被认为是最普通的情况，在经济分析中广泛应用。规模报酬递增常常与某些工艺的不可分割有关。所谓工艺的不可分割是指这些工艺使用的某些设备要求产出量达到某一水平才能充分发挥作用，如果产出量低于这一水平，则使用这些设备不划算。当存在若干种不可分割的工艺而且产出水平较大的工艺具有较高的效率时，生产规模的扩大就会产生递增的规模报酬现象。规模报酬递减常常与自然条件有关。例如，捕鱼船队加倍通常难以使捕鱼量加倍，因为海洋自然生长的鱼没有随之增加。

边际生产力：生产函数具有如下特性：

$$f(0,K) = f(L,0) = 0 \tag{6-12}$$

$$\frac{\partial f}{\partial L} \geqslant 0, \frac{\partial f}{\partial K} \geqslant 0 \tag{6-13}$$

$$\frac{\partial^2 f}{\partial L^2} \leqslant 0, \frac{\partial^2 f}{\partial K^2} \leqslant 0, \frac{\partial^2 f}{\partial L^2}\frac{\partial^2 f}{\partial K^2} - \left(\frac{\partial^2 f}{\partial L \partial K}\right)^2 \geqslant 0 \tag{6-14}$$

（6－12）式说明两种投入要素是生产中必不可少的，（6－13）式说明两种投入要素的边际产量是非负的。这里把生产函数对某一投入要素的一阶偏导数定义为该投入要素的边际生产力，（6－14）式说明边际生产力递减。

（三）生产函数的具体形式及其估计

C－D 生产函数的形式及其特点：实践中应用最为广泛的生产函

数是柯布－道格拉斯（Cobb-Douglas）生产函数，简记为C－D生产函数。其表达式为：

$$Y = AL^{\alpha}K^{\beta} \tag{6-15}$$

其中，A、α和β是固定的正参数，且假定它是连续可微的，并且其导函数也是连续可微的。

C－D生产函数除具有上述生产函数的特性外，还有如下具体特点。

①不变弹性。产出的劳动弹性和产出的资本弹性分别是参数α和β，即有：

$$\alpha = \frac{\partial Y}{\partial L} \cdot \frac{L}{Y}, \beta = \frac{\partial Y}{\partial K} \cdot \frac{K}{Y} \tag{6-16}$$

由于α和β是固定的，所以为不变弹性。

②规模报酬由$\alpha+\beta$决定。当$\alpha+\beta>1$时，为规模报酬递增；当$\alpha+\beta=1$时，为不变规模报酬；当$\alpha+\beta<1$时，为规模报酬递减。

③替代弹性等于1。因为：

$$MRTSLK = \frac{\partial Y}{\partial L}\Big/\frac{\partial Y}{\partial K} = \alpha \cdot \frac{Y}{L}\Big/\beta \cdot \frac{Y}{K} = \frac{\alpha K}{\beta L}$$

所以，

$$\sigma = \frac{d\ln(\frac{K}{L})}{d\ln(MRTS_{LK})} = \frac{d\ln(\frac{K}{L})}{d\ln(\frac{\alpha K}{\beta L})} = \frac{d(K/L)/(K/L)}{d(\frac{\alpha K}{\beta L})\Big/\frac{\alpha K}{\beta L}} = \frac{d(K/L)/(K/L)}{\frac{\alpha}{\beta}d(\frac{K}{L})\Big/\frac{\alpha}{\beta} \cdot \frac{K}{L}} = 1 \tag{6-17}$$

估计C－D生产函数常用的方法：常用方法为直接估计法，即对C－D生产函数的对数线性形式：

$$lnY = \alpha + \alpha lnL + \beta lnK + u \tag{6-18}$$

根据 Y、L 和 K 的三组实际观测数据，直接进行 OLS 估计，其中 $\alpha = lnA$。观测数据可以是横截面数据，也可以是时序数据，这种方法不要求假设实际生产过程为不变规模报酬。按利润最大化原则的要求，lnL 和 lnK 都是内生变量，它们与随机误差项不相互独立，因此，估计中会产生联立性偏误；同时，K 与 L 之间往往也不独立，估计中会出现多重共线性问题。

（四）水资源贡献估算的计量模型

农业生产是以自然资源、劳动力、技术、设备等要素为投入，经过一系列的生物生命活动，最终生产出农产品的自然和经济活动的过程。自然资源作为农业生产的投入要素，其投入数量的大小与农产品的产量有着内在关联性。水资源作为自然资源投入的一种，也必然影响着农产品的产量。

设农产品的产量服从柯布－道格拉斯生产函数，则有：

$$Q = AX^{a}Y^{b} \tag{6-19}$$

其中，Q——农产品最大产出量；

X——水资源量（包括自然降雨及人工灌溉水量）；

Y——水资源以外的要素投入，包括土地、化肥、农药、劳动力、设备等；

A——一定的技术条件；

a——水资源对农产品总产出的贡献率；

b——水资源以外的要素对农产品总产出的贡献率。

由式（6－19）可得：

$$dQ/Q = dA/A + a(dX/X) + b(dY/Y) \tag{6-20}$$

式（6－20）说明，实现农产品产量的持续增加或至少不减少（$dQ/Q \geqslant 0$）的途径包括增加 dA/A、dX/X 和 dY/Y。

①不考虑技术进步的情况，即假设 $dA/A = 0$ 时，分别增加 dX/X、

dY/Y 或同时提高 dX/X、dY/Y 都可实现农产品产量的提高。在实际农业生产中，在一定的范围内增加水资源投入（$dX/X \geqslant 0$）、增加化肥的投入（$dY/Y \geqslant 0$）或同时提高 dX/X、dY/Y 都是行之有效的。例如，在西北地区，在其他条件不变的情况下，只要水量充分，农作物的产量就可以大幅度提高。但由于水资源的匮乏，使该地区的农作物产量只能达到应有产量的1/3。

在缺水的地区，水对产量的影响作用很大，而在丰水区其他的因素更为重要。事实上，总量的水分（包括自然降雨及人工灌溉水量）和总的其他要素投入（如土壤的自然肥力和人工施肥的总和）在一定的技术条件下，存在着一定的配比关系。如果社会发展需要的农产品产量为 Q_1，相应的投入应为 X_1、Y_1。如果由于水资源短缺，使水投入实际量只能为 $X_2 < X_1$，相应的其他资源投入为 $Y_2 < Y_1$ 时，则由于水资源短缺而减少的农产品量为 $AX_1^aY_1^b - AX_2^aY_2^b$。

一定的技术条件反映为农作物单位灌溉需水量一定，当水量增加时，可以使灌溉的面积增加，从而使产量增加。因此，在缺水的条件下，$AX_2^aY_2^b - AX_1^aY_1^b \leqslant 0$，说明水资源的短缺，阻碍了农产品产量的增长。

农产品产量的持续增加要求（dQ/Q）$\geqslant 0$，因而，在技术条件不能提高时，要求（dX/X）$\geqslant 0$（同时 $dY/Y \geqslant 0$），即水资源量至少不减少，才能满足农业产量不下降。说明水资源的可持续利用是农产品产量持续提高的基本条件。

②考虑技术进步的情况。由式 $dQ/Q = dA/A + a(dX/X) + b(dY/Y)$ 可看出：当投入不变时，即 $dX/X = 0$，$dY/Y = 0$ 时，技术进步可使农产品获得 dQ/Q（$= dA/A$）的增长率。

如果受自然条件的约束，农业水资源的投入量不能增加，即 $dX/X = 0$，为实现农业产量的持续提高，就只能是使 $dA/A > 0$，即改变 a、A 的值。提高 a 值，可以通过调整农业产业结构、采取节水措施，改变水与其他要素的组合方式，使一定的水能与更多的其他资源匹配；提高 A 值，可以通过农业科技的应用，提高科学技术在农业总产出中投入的比重，增加 dA/A，从而生产出更多的农产品。

二　模型选择及数据说明

（一）计量经济模型的建立

为了估计水资源对农业生产的贡献，本文在柯布－道格拉斯生产函数中引入农业用水量，得到扩展的农业生产函数。对包含农业用水量的柯布－道格拉斯生产函数两边取对数，我们可以得到的计量经济模型形式为：

$$\ln y_{i,t} = a + \beta_1 \ln w_{i,t} + \beta_2 \ln f_{i,t} + \beta_3 a_{i,t} + \beta_4 l_{i,t} + \varepsilon_{i,t} \qquad (6-21)$$

（6－21）式中，$y_{i,t}$为第 i 地区第 t 年的粮食总产量；$w_{i,t}$为第 i 地区第 t 年的农业用水量；$f_{i,t}$为第 i 地区第 t 年的化肥施用量；$a_{i,t}$为第 i 地区第 t 年的粮食播种面积；$l_{i,t}$第 i 地区第 t 年的农业劳动力数量；$\varepsilon_{i,t}$为随机扰动项。a 是常数项，β_1、β_2、β_3、β_4 是待估参数，分别表示农业用水量、化肥施用量、粮食播种面积和农业劳动力的生产弹性。我们关心的是，β_1的系数是否显著为正。

（二）数据来源及描述

本研究主要采用了 2005～2009 年黄河流域 7 个省 42 个地（市、盟）的面板数据。数据库中，地（市、盟）在各省（区）的分布情况为，山西省 11 个，内蒙古自治区 7 个，河南省 9 个，甘肃省 9 个，青海省 8 个，宁夏回族自治区 4 个，陕西省 9 个。已有研究表明，水资源在粮食生产中起到了重要作用，并且地区间存在差异。通过面板数据的研究，部分学者已经开始关注这种差异性。不过由于统计数据等方面的原因，目前的研究大都是以省级层面的数据展开的。而本文利用地（市、盟）级的面板数据，以黄河流域为对象研究农业用水量和粮食生产的关系，以更加微观的视角揭示水资源对农业生产的贡献。表 6－8 是研究样本的统计描述。

表 6－8　样本的描述统计

变　　量	平均值	标准差	最小值	最大值
粮食总产量(万吨)	108.23	89.29	0.10	378.80
农业用水量(亿立方米)	5.46	6.88	0.02	49.03
化肥施用量(万吨)	11.72	10.67	0.00	47.60
粮食播种面积(千公顷)	251.79	176.55	0.50	624.90
农业劳动力(万人)	63.08	49.49	1.24	181.40

从图 6－15 可以看出，随着农业用水量的增加，粮食产量也稳步增长，这就表明，农业用水量和粮食产量之间存在着正相关关系。如

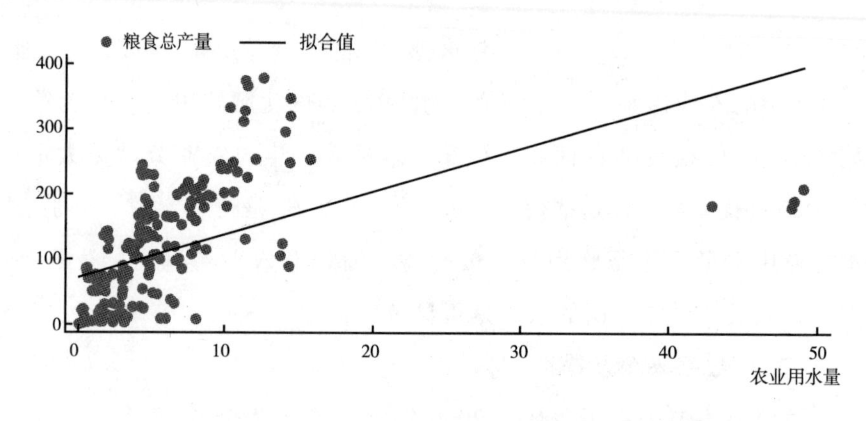

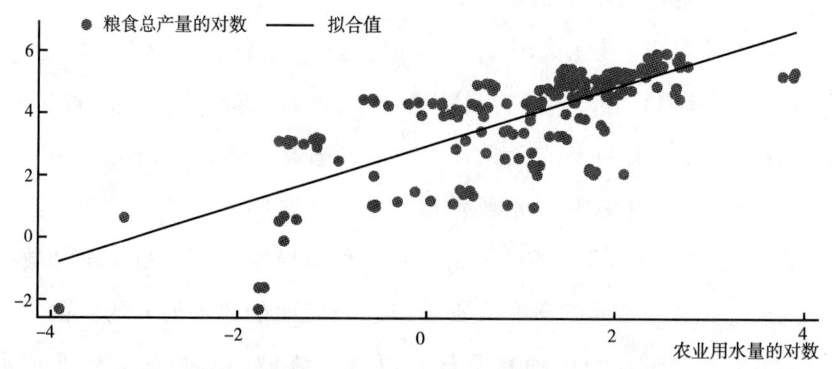

图 6－15　样本地区粮食产量和农业用水量的关系（2005～2009 年）

注：上边的图中粮食总产量和农业用水量是绝对量，下边的图中两个变量都取对数。

果观察农业用水量的对数和粮食产量对数的关系，可以发现，它们之间的相关关系更加明显。但是，农业用水量和粮食产量之间的数量关系还需要通过计量经济模型进行揭示。

三　模型结果及讨论

首先我们采用混合数据模型（OLS）对（6－21）式进行多元线性回归计算，得到的结果如表6－9所示。

表6－9　模型结果

项目	混合数据模型		随机效应模型	
	系数	t值	系数	t值
农业用水量的对数	0.14***	4.85	0.12***	3.13
化肥施用量的对数	0.22***	5.89	0.25***	6.77
粮食播种面积的对数	0.69***	16.97	0.45***	11.48
农业劳动力的对数	0.04	0.68	0.31***	4.12
常数项	－0.06	－0.44	0.06	0.27
调整的R^2	0.94		0.92	
F值	742.91		—	
样本数	200		200	

注：***、**和*分别表示在1%、5%和10%的置信水平上显著。

从模型调整的R^2和F值中可以看出，模型的结果是可信的。从表6－9中可以看出，在所考察的4个影响因素中，农业劳动力的系数不显著；农业用水量、化肥施用量和粮食播种面积都在1%的水平上显著的和粮食总产量相关。其中，水资源、化肥投入和土地要素投入的生产弹性系数分别为0.14、0.22和0.69，农业用水量、化肥施用量和粮食播种面积投入每增加1%，就可以使粮食总产量增长0.14%、0.22%和0.69%。

接下来，我们采用面板模型来分析水资源对农业生产的贡献。首先面临的问题是采用固定效应模型还是随机效用模型，通过Hausman

检验，我们最终选择了随机效应模型，模型结果见表6-9。从随机效应模型的结果来看，4个影响因素的系数都在1%的水平上显著。其中，水资源、化肥投入、土地要素和劳动力投入的生产弹性系数分别为0.12、0.25、0.45和0.31，即农业用水量、化肥施用量、粮食播种面积和农业劳动力投入每增加1%，粮食总产量相应增长0.12%、0.25%、0.45%和0.31%。

总体来看，水资源对农业生产具有显著的正的贡献，但是，在农业生产的要素投入中，水资源的贡献排位始终靠后，所占的份额较低。为什么会出现这样的结果，还需要进一步搜集数据进行分析和讨论。

第四节　黄河流域粮食生产效率的DEA分析

一　DEA分析方法

农业生产效率的评价，就是将自然因素和劳动力、经济和技术等因素作为系统的输入，把食物保障、农业经济发展、农村社会进步、农业生态环境保护与治理等作为输出，计算所得的数据包络分析“效率评价指数”即可用来衡量农业可持续发展的能力与水平。

计量效率方法主要有非参数规划方法——数据包络分析（DEA）和参数回归方法——随机前沿分析法（SFA）（Coelli等，1998）。Aigner，Lovell和Schmidt（1977）及Meeusen，van den Broeck（1977）等最早提出随机边界生产函数模型和估计方法，这种方法成为最近30年经济学研究的重要领域之一。Battese（1992），Bravo-Ureta和Pinheiro（1993）和Coelli（1995）等对该方法在农业经济方面的应用进行了文献综述。对中国问题的研究，出现了一些家庭联产承包责任制效率研究（Lin，1986，1989，1992；Kim，1990）。Carter 和 Cubbage（1994）采用 SFA 方法计量了美国南方木材采运业的技术效率和技术进步。Brannlund 等（1995）和 Hetemäki（1996）分析了环境规则对瑞典和芬兰纸浆业的影响。尹润生（1998）采用 DEA 方法计量美国和加拿大锯材场全要素生产率。刘璨（2003）利用 DEA 分析了安徽省金寨县农户生产力发展与消除贫困之间的关系。李周、于法稳（2008）以县（旗）作为农业生产的基本单元进行了农业生产效率分析的研究。

（一）农业生产效率分析方法概述

效率分析始终是当代经济学家思考和认识经济增长和经济发展的重要内容。兹维·格瑞里切斯认为生产率就是产出的某种度量与所用投入的某种指数之比。生产率度量了一个行业或厂商在生产商品和服务时所用技术的现状，并希望把这一种度量的变化解释成为反映“技术进步”，即生产可能性向前沿的移动。乔根森认为生产率就是产出增长率与投入增长率之差。乔根森和格瑞里切斯还认为，TFP 的定义也可以是实际产出与实际投入之比，或者是要素投入的价格与产出价格之比。丹尼森（1974，1979）认为，TFP 是经济增长的一部分源泉，即指因技术进步而提高了效率。Färrell（1957）认为一个企业的效率包括技术效率和配置效率，Whitesell（1994）也认为经济效益可以分为技术效率和配置效率。技术效率是指在给定技术（PPF）和投入要素的情况下，实际产出和潜在产出的比较。它反映企业在既定投入下获得最大产出的能力；配置效率是指投入要素的组合按成本最小化的方式进行，即按照要素在不同使用方式下的边际要素替代率相等的方式进行。它反映了在既定价格和生产技术水平下，企业使用最佳投入比例的能力，这两种效率的总和反映了企业总的经济效益。一种经济可以是技术上有效率的但配置效率比较低，反之亦然。但有时候这两种效率很难区分开来。也有的学者认为经济效益是技术效率和配置效率的综合反映。一个经济决策单元如果同时具有技术效率和配置效率，它就是经济上有效率的。

对黄河流域的农业生产而言，技术效率是指在既定的技术和环境条件下，地级行政区用特定的投入生产最大可能产出的能力和意愿，换句话说，如果一个地级行政区在既定投入的条件下能够实现农业最大的潜在生产力，它就具有技术效率。配置效率是指在现行的要素市场供求条件下，地级行政区为了获得农业生产最大可能的净利润而使用不同要素的数量比例的能力和意愿。

效率的计量取决于所获得数据和地级行政区行为的假设，如果仅仅获得数量数据，而没有获得价格数据，那么只能进行技术效率的计量；如果获得数量和价格两个方面的数据，那么就可以进行经济效益的分析，并且可以把经济效益分解为技术效率和配置效率。

（二）农业生产效率分析方法

以黄河流域地级行政区为单元进行农业生产的绩效高低主要体现在生产力水平的高低上，虽然生产可以通过生产规模的扩大来实现，但是生产要素的增加并不意味着生产力水平的提高。生产力水平的提高取决于生产要素使用效率和技术进步的提高（也就是生产可能曲线向外移动）（Coelli 等，1998）。生产效率（TE）是指投入转化为产出的效率，在缺少价格信息的条件下，不能对资源配置效率进行评价（Lovell，1993）；TE 可以分解为纯效率（PE）和规模效率（SE）。

由于存在规模经济和规模不经济，因此，SE 是生产绩效的内在组成部分，同样技术进步也是生产力增长的内在组成部分，技术进步是指生产可能性曲线从原点向外移动（Lovell，1993）。在使用距离函数的模型中，MPI 可以用于在没有确定行为目标的情况下（如利润最大化或者成本最小化）的多投入、多产出分析（Färe 和 Premont，1995），可以分为投入型和产出型。在特定技术条件下，对距离函数已经进行了广泛的讨论（Rolf Fäir，Daniel Primont，1995，1994；Rajiv D. Banker 等，1988）。每一项生产条件下，我们可以定义产出或者投入数据包络分析模型。假设获得 N 个地级行政区农业生产的 K 项投入、M 项产出，对于第 j 个地级行政区而言，则有：

$$x = (x_1, x_2, x_3, \cdots x_k) \in R^{K+}; \text{和 } y = (y_1, y_2, y_3, \cdots y_m) \in R^{M+}$$

技术集合可以表示为：

$T = \{(x, y): x \in R^{K+}, y \in R^{M+}, x \text{ 可以生产 } y\}$，$N$ 个地级行政区的投入矩阵为 $X = K \times N$，产出矩阵为 $Y = M \times N$。

根据 Färe 等（1994）的理论模型，s 时刻和 t 时刻之间的产出型 MPI 可以采用如下公式计算：

$$MPI(y_s, x_s, y_t, x_t) = \left[\frac{d_o^s(y_t, x_t)}{d_0^s(y_s, x_s)} \times \frac{d_o^t(y_t, x_t)}{d_0^t(y_s, x_s)}\right]^{1/2} \quad (6-22)$$

其中，$d_0^s(y_t, x_t)$ 为从 s 时刻的观察到 t 时刻的距离，如果 MPI 大于 1，表明从 s 时刻到 t 时刻的 TFP 的增长为正值，反之表明从 s 时刻到 t 时刻的 TFP 的增长为负值，（6－22）可以同样地表述为（6－23）的等价形式：

$$MPI(y_s, x_s, y_t, x_t) = \frac{d_o^t(y_t, x_t)}{d_0^t(y_s, x_s)}\left[\frac{d_o^s(y_t, x_t)}{d_0^t(y_t, x_t)} \times \frac{d_o^s(y_s, x_s)}{d_0^t(y_s, x_s)}\right]^{1/2} \quad (6-23)$$

其中，括号外的部分为从时刻 s 到时刻 t 的产出型 TE，括号内的部分为基于投入为 xt 和 xs 采用从时刻 s 到时刻 t 生产技术移动的几何平均计量产出型 TC。

规模经济不变（CRS）的情况下，单个投入和产出的分析示意图见图 6－16。黄河流域地级行政区在 s 时刻生产点为 D，在 t 时刻生产点为 E。每个时期黄河流域地级行政区农业生产的产出不高于技术的最大产出，也就是说在每个时刻存在技术非效率因素，根据上述公式，可以采用（6－24）式计算 MPI：

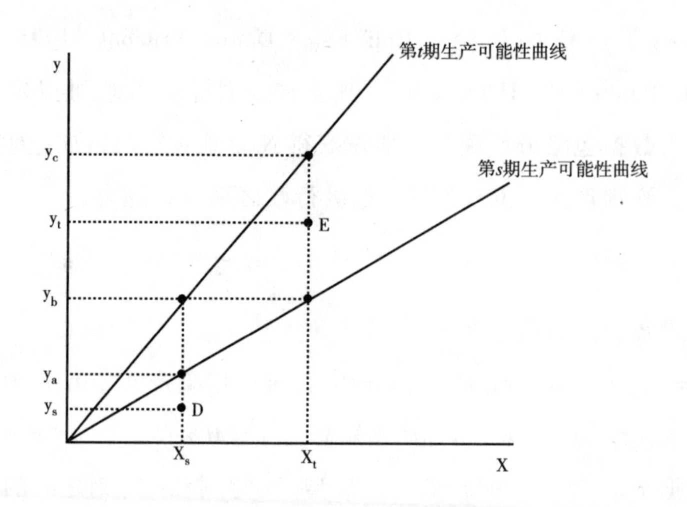

图 6－16　MPI 生产力指数示意图

$$MPI = \frac{y_t/y_c}{y_s/y_a}\left[\frac{y_t/y_b}{y_t/y_c} \times \frac{y_s/y_a}{y_s/y_b}\right]^{1/2} \qquad (6-24)$$

在本研究中，需要估计每个地级行政区农业生产效率分析的 4 个组成部分，在规模经济不变的数据包络分析模型的投入型情况下，每个地级行政区农业生产的 TFP 可以通过对以下公式的求解获得。

$$TE_j = \min\{\lambda_j : T(X_j, \lambda_j, Y_j) \leqslant 0\}, j = 1,2,3,\cdots,N \qquad (6-25)$$

如果我们加上规模经济的限制因素（6－26）：

$$N_1{}'\lambda = 1 \qquad (6-26)$$

其中，N_1 为单位矩阵，所获得凹性曲线包括所有有效率的地级行政区，凹形曲线定义可变规模回报的技术。

总效率可以分解为规模效率 SE 和纯技术效率 PTE。规模效率 SE 可以通过（6－27）获得：

$$SE = CRSTE/VRSTE \qquad (6-27)$$

其中，CRSTE = DEA 中不可变规模技术效率；VRSTE = DEA 中可变规模的技术效率。

TFP的计量模型分为投入型Malquist TFP模型和产出型Malquist TFP模型。投入型Malquist TFP通过计算相对于同一技术条件下的两个时期的每个地级行政区数据的距离比率获得。首先采用数据包络分析方法（DEA），因此，需要对如下线性规划问题进行求解。

$$\begin{aligned} &[d_0^t(y_t,x_t)]^{-1} = \max_{\varphi,\lambda}\varphi \\ &\text{s.t.} \quad -\varphi y_{it} + Y_t\lambda \geqslant 0 \\ &x_{it} - X_t\lambda \geqslant 0 \\ &\lambda \geqslant 0 \end{aligned} \tag{6-28}$$

$$\begin{aligned} \text{s.t.} \quad &[d_0^s(y_s,x_s)]^{-1} = \max_{\varphi,\lambda}\varphi \\ &-\varphi y_{is} + Y_s\lambda \geqslant 0 \\ &x_{is} - X_s\lambda \geqslant 0 \\ &\lambda \geqslant 0 \end{aligned} \tag{6-29}$$

$$\begin{aligned} \text{s.t.} \quad &[d_0^t(y_s,x_s)]^{-1} = \max_{\varphi,\lambda}\varphi \\ &-\varphi y_{is} + Y_s\lambda \geqslant 0 \\ &x_{is} - X_s\lambda \geqslant 0 \\ &\lambda \geqslant 0 \end{aligned} \tag{6-30}$$

和

$$\begin{aligned} \text{s.t.} \quad &[d_0^s(y_t,x_t)]^{-1} = \max_{\varphi,\lambda}\varphi \\ &-\varphi y_{it} + Y_t\lambda \geqslant 0 \\ &x_{it} - X_t\lambda \geqslant 0 \\ &\lambda \geqslant 0 \end{aligned} \tag{6-31}$$

全要素生产率指数＝技术变化指数×规模效率指数×纯技术效率指数。由此表明，TFP的增长是技术进步和技术效率提高的综合作用，而综合技术效率则是纯技术效率和规模效率综合作用的结果。纯技术效率反映生产领域技术更新速度的快慢和技术推广的有效程度，规模效率则是指投入的增长对全要素生产率变动的影响。当 Malmquist 生产指数 $M_{t,t+1}>1$ 时，说明全要素生产率水平提高，其中三个变化量中某一个变化率大于 1，则说明这是 TFP 增长的源泉和主要因素；相反，三个变化量中某一个变化率小于 1，则说明其就是使 TFP 下降的根本原因。

二 尺度、指标选择及数据来源

（一）效率分析的尺度

黄河流域地域广阔，生态条件差别很大，特别是农业生产的水资源基础差距更为突出，为此我们以地级行政区为单位进行粮食生产效率的评价。考虑到水资源数据的一致性，以及地级行政区数据的完整性，选择青海、甘肃、内蒙古、陕西、陕西、河南 6 个省区的 42 个地级行政区，占黄河流域 68 个地级行政区的 61.76%。

（二）效率分析指标的选择

在对黄河流域粮食生产效率进行评价时，我们选择的效率分析指标分为两类，一类是产出指标，另一类是投入指标。产出指标选择了粮食作物产量；投入指标包括化肥施用量（折纯量）、粮食播种面积、农业劳动力、农业用水量。选择 2005～2009 年 5 年的数据进行分析。

（三）数据来源

以上指标的数据来源主要包括如下两个方面：①黄河流域 6 个省区 2005～2009 年的水资源公报；②黄河流域 6 个行政区 2006～2010 年统计年鉴。

三 结果分析

采用 DEAP2.1 软件对上述数据进行分析，得到技术效率、技术进步效率、纯技术效率、规模效率以及全要素生产率的变化（见表 6－10）。

表 6-10　2005~2009 年黄河流域粮食生产的全要素生产率变动及其构成

年　份	技术效率	技术进步效率	纯技术效率	规模效率	全要素生产率
2005~2006	1.195	1.040	1.033	1.156	1.242
2006~2007	0.960	1.013	0.942	1.018	0.972
2007~2008	1.017	0.984	1.049	0.970	1.001
2008~2009	1.015	1.050	1.006	1.008	1.066
平　均	1.043	1.021	1.007	1.036	1.065

（一）技术效率的变化特征

2005~2009 年，黄河流域粮食生产的技术效率平均增长率为 4.30%。其中只有 2006~2007 年，技术效率有所下降，下降了 4.00%；增长率最大的是 2005~2006 年，为 19.5%。技术效率是由纯技术效率与规模效率共同决定的，纯技术效率增长率为 0.7%，规模效率增长率为 3.6%。

42 个地级行政区中，技术效率指数小于 1 的有 11 个，占 26.19%。具体为：内蒙古的乌兰察布市（0.865）、乌海市（0.930）、呼和浩特市（0.981），年均增长率分别为 -13.5%、-7.0%、-1.9%；山西省的大同市（0.931）、长治市（0.949）、朔州市（0.998），技术效率年均增长率分别为 -6.9%、-5.1%、-0.2%；陕西省的咸阳市（0.966）、宝鸡市（0.978）、安康市（0.984）、延安市（0.989），年均增长率分别为 -3.4%、-2.2%、-1.6%、-1.1%；河南省的新乡市（0.967），技术效率年均增长率为 -3.3%（见表 6-11）。

表 6-11　2005~2009 年黄河流域粮食生产的全要素生产率变动及其构成

地级行政区	技术效率	技术进步效率	纯技术效率	规模效率	全要素生产率
太原市	1.056	0.961	1.026	1.029	1.015
大同市	0.931	0.999	0.936	0.994	0.930
阳泉市	1.000	0.818	1.000	1.000	0.818
长治市	0.949	1.015	0.987	0.961	0.962

续表

地级行政区	技术效率	技术进步效率	纯技术效率	规模效率	全要素生产率
晋城市	1.000	0.945	1.000	1.000	0.945
朔州市	0.998	1.026	0.981	1.017	1.024
晋中市	1.007	1.003	1.000	1.007	1.010
运城市	1.043	1.015	1.045	0.998	1.058
忻州市	1.003	1.011	0.991	1.012	1.014
临汾市	1.032	1.011	1.023	1.009	1.043
吕梁市	1.136	0.980	1.089	1.043	1.113
呼和浩特市	0.981	1.015	0.981	1.000	0.996
包头市	1.000	1.051	1.000	1.000	1.051
乌兰察布市	0.865	0.967	0.911	0.949	0.836
鄂尔多斯市	1.039	1.094	1.012	1.027	1.136
巴彦淖尔市	1.000	1.109	1.000	1.000	1.109
乌海市	0.930	0.961	1.000	0.930	0.894
阿拉善盟	1.000	1.048	1.000	1.000	1.048
郑州市	1.021	1.007	0.984	1.038	1.028
开封市	1.063	0.964	1.013	1.050	1.025
洛阳市	1.034	0.969	1.000	1.034	1.002
安阳市	1.015	1.030	1.000	1.015	1.045
新乡市	0.967	1.078	1.000	0.967	1.042
焦作市	1.001	1.031	0.969	1.033	1.032
濮阳市	1.030	1.013	1.005	1.025	1.043
三门峡市	1.099	0.962	1.037	1.060	1.057
西宁市	1.167	0.926	1.128	1.034	1.080
海东地区	1.209	0.960	1.174	1.030	1.161
海北州	1.237	0.922	1.208	1.024	1.140
黄南州	1.171	0.979	1.000	1.171	1.146
海南州	1.155	0.962	0.947	1.220	1.112
果洛州	1.918	1.119	1.000	1.918	2.145
玉树州	1.000	2.742	1.000	1.000	2.742
海西州	1.097	0.959	1.098	1.000	1.052

续表

地级行政区	技术效率	技术进步效率	纯技术效率	规模效率	全要素生产率
西安市	1.016	0.995	0.985	1.032	1.011
铜川市	1.047	0.979	1.008	1.039	1.025
宝鸡市	0.978	1.059	0.972	1.006	1.035
咸阳市	0.966	1.040	0.943	1.024	1.005
延安市	0.989	0.994	0.983	1.005	0.982
榆林市	1.026	0.990	0.994	1.032	1.015
安康市	0.984	0.980	0.938	1.049	0.964
商洛市	1.000	0.991	0.983	1.018	0.991
平均	1.043	1.021	1.007	1.036	1.065

7个地级行政区技术效率指数为1，占16.67%。这7个地级行政区分别为山西省的阳泉市、晋城市；内蒙古的包头市、巴彦淖尔市、阿拉善盟；陕西省的商洛市；青海省的玉树州。

其余24个地级行政区技术效率指数都大于1，其技术效率的年均变化率都大于0。

（二）技术进步效率的变化特征

2005～2009年，黄河流域粮食生产的技术进步效率指数平均为1.021，年均增长率为2.1%。技术进步效率指数在2007～2008年为0.984，小于1，增长率为-1.6%。增长率最高的年份为2008～2009年，增长率为5.0%。

42个地级行政区中有22个地级行政区的技术进步效率指数都小于1，年均增长率都为负值；其余20个地级行政区的技术进步效率指数都大于1，年均增长率为正值。

（三）全要素生产率的变化特征

2005～2009年黄河流域粮食生产的全要素生产率指数平均为1.065，年均增长率为6.5%。2006～2007年全要素生产率指数为0.972，增长率为-2.8%，这种下降是由纯技术效率的下降带来的。而2007～2008年全要素生产率指数为1.001，增长率仅为0.1%，这种微小的增长率则是由技术进步效率及规模效率的下降导致的。

42个地级行政区中有10个全要素生产率指数小于1，其年均增长率为负值，它们分别是阳泉市、乌兰察布市、乌海市、大同市、晋城市、长治市、安康市、延安市、商洛市、呼和浩特市。

第七章　粮食国际贸易中水资源要素流动分析

第一节　虚拟水概念及其匡算方法

一　虚拟水概念

“虚拟水”是由伦敦大学亚非研究院 Tony Allan 教授在 20 世纪 90 年代中期提出的新概念，是指生产商品和服务所需要的水资源数量。目前虚拟水是国际上水资源相关领域专家和管理者谈论的热门话题，2003 年 3 月 18 日在日本京都举行的第三届世界水论坛，对“虚拟水”进行了热烈讨论。

虚拟水的特征主要有三点。第一，非真实性。顾名思义，虚拟水不是真实意义上的水，而是虚构的水，是以“虚拟”的形式包含在产品中的“看不见”的水。因此，虚拟水也被称为“嵌入水”和“外生水”。“嵌入水”指特定的产品以不同的形式包含有一定数量的水，如生产 1 千克粮食需要用 1000 升水来灌溉，1 千克牛肉需要消耗 1.3 万升水，这就是在产品背后看不见的虚拟水。“外生水”暗指进口虚拟水的国家或地区使用了非本国或非本地区的水这一事实。第二,社会交易性。虚拟水是通过商品交易即贸易来实现的，没有商品交易或服务就不存在虚拟水，并且强调社会整体交易、非个体交易，商品交易或服务越多，虚拟水就越多。第三，便捷性。虚拟水以“无形”的形式嵌入在其他商品中，相对于实体水资源而言，其便于运输的特点使贸易变成了一种可以缓解水资源短缺的有用工具。

虚拟水贸易是指一个国家或地区（一般是缺水国家或地区）通过贸易的方式从另一个国家或地区（一般是水资源丰沛的国家或地区）购买水密集型农产品或高耗水工业产品，目的是保证水和粮食的安全，以确保国家安全。虚拟水贸易并非新生事物，它是商品交易的产物，是虚拟水存在的特征属性，其历史同粮食贸易一样悠久。同时，虚拟水数量也随贸易的增长持续稳定地增长。

国家和地区之间的农产品贸易，从某种意义上来说，是以虚拟水的形式在进口或出口水资源。本部分重点讨论粮食国际贸易中的虚拟水量。

二　农产品国际贸易中虚拟水的匡算方法

农作物产品生产需要的水资源量与农作物类型、区域的自然地理条件、灌溉条件和管理方式等有关（秦丽杰等，2006），单一农作物产品虚拟水含量的计算公式如下：

$$D_{n,c} = \frac{W_{n,c}}{Y_{n,c}} \qquad (7-1)$$

其中，$D_{n,c}$表示 n 区域 c 作物的虚拟水含量（立方米/千克），$W_{n,c}$为该区域 c 作物的需水量（立方米/公顷），$Y_{n,c}$为该区域 c 作物的产量（千克/公顷）。

然而，由于影响作物需水量的因素很多，如降水、气温、水气压、日照、风速和作物类型、土壤条件及种植时间等，但在作物生产实践中，并不能完全按照其需水量进行灌溉。因此，需要对单一作物产品虚拟水含量进行匡算，其计算方法如下。

第一步，计算区域单一作物播种面积在粮食总播种面积中的比例（$R_{n,c}$）：

$$R_{n,c} = \frac{S_{n,c}}{S_{n,t}} \times 100\% \quad (7-2)$$

其中，$S_{n,c}$为 n 区域 c 作物的播种面积，$S_{n,t}$为 n 区域粮食作物的播种面积。

第二步，计算区域单一作物生长所需要的水资源量（$W_{n,c}$）：

$$W_{n,c} = W_{n,i} \times R_{n,c} \quad (7-3)$$

其中，$W_{n,i}$为 n 区域灌溉用水量。

第三步，计算区域单一作物单位产量需要的水资源量（$W_{n,c}'$）：

$$W_{n,c}' = \frac{W_{n,c}}{Y_{n,c}} \quad (7-4)$$

其中，$Y_{n,c}$为 n 区域 c 作物的产量。

粮食国际贸易背后的水资源流动量，可以根据区域单一作物单位产量需要的水资源量与国际贸易量计算得到。

$$W_T = \sum W_{n,c}' \times T_{n,c} \quad (7-5)$$

其中，W_T 为 n 区域 c 作物国际贸易背后水资源流动量，$T_{n,c}$为 n 区域 c 作物的国际贸易量。

第二节　粮食国际贸易及其变化情况

一　资料来源

本部分中，不同省（市、区）不同作物的播种面积及产量来源于2000～2008年《中国统计年鉴》，玉米、小麦、大米、大豆国际贸易量来源于2000～2008年《中国农村统计年鉴》。

从表7－1中可以看出，就1999～2007年粮食出口量的平均值来看，全国粮食出口量为108.04亿千克，年出口量在10亿千克以上的有4个省（区），即吉林（45.72亿千克）、黑龙江（18.24亿千克）、内蒙古（11.42亿千克）、辽宁（11.08亿千克），分别占全国粮食总出口量的42.32%、16.88%、10.57%、10.26%，4省（区）粮食出口量占全国粮食总出口量的比例达到了80.04%。青海、贵州、西藏三省（区）没有粮食出口，宁夏、甘肃两省（区）出口的粮食仅有10万千克。

1999～2007年全国粮食进口量平均值为205.71亿千克，其中，粮食进口量超过10亿千克的省（市、区）有江苏（40.56亿千克）、广东（36.56亿千克）、山东（35.76亿千克）、河北（14.17亿千克）、辽宁（13.81亿千克）、广西（11.61亿千克）、福建（11.53亿千克）、浙江（10.49亿千克）、北京（10.19亿千克），分别占全国粮食进口量的19.72%、17.77%、17.38%、6.89%、6.71%、5.64%、5.60%、5.10%、4.96%，合计比例为89.77%。

表7－1　不同省（市、区）相关指标的统计学特征

单位：亿千克

行政区	粮食出口量				粮食进口量			
	最大值	最小值	均值	标准差	最大值	最小值	均值	标准差
全　国	218.17	46.71	108.04	49.88	314.45	50.03	205.71	93.62
北　京	3.78	0.69	2.08	0.80	34.39	1.06	10.19	10.64
天　津	0.40	0.01	0.17	0.15	6.45	0.06	3.44	1.97
河　北	8.27	0.21	3.40	2.65	23.16	2.74	14.17	6.03
山　西	1.59	0.00	0.36	0.48	1.04	0.00	0.28	0.36
内蒙古	34.09	2.09	11.42	9.43	0.00	0.00	0.00	0.00
辽　宁	17.93	3.61	11.08	4.71	19.56	5.00	13.81	5.23
吉　林	106.92	18.58	45.72	28.44	2.92	0.00	1.41	0.94

续表

行政区	粮食出口量				粮食进口量			
	最大值	最小值	均值	标准差	最大值	最小值	均值	标准差
黑龙江	34.80	7.90	18.24	7.50	0.61	0.00	0.15	0.23
上　海	0.44	0.03	0.19	0.16	10.33	2.84	4.93	2.42
江　苏	6.92	0.32	3.54	2.27	71.59	9.03	40.56	22.75
浙　江	0.71	0.00	0.18	0.23	17.07	3.00	10.49	4.93
安　徽	4.88	0.13	2.35	1.62	0.61	0.00	0.07	0.19
福　建	0.25	0.00	0.05	0.08	24.69	0.17	11.53	9.79
江　西	7.74	0.56	3.30	2.37	0.07	0.00	0.01	0.02
山　东	5.13	0.01	1.16	1.57	57.63	10.01	35.76	13.45
河　南	12.85	0.01	1.68	3.96	9.57	0.59	5.71	3.05
湖　北	1.81	0.01	0.86	0.76	0.68	0.01	0.24	0.22
湖　南	3.87	0.00	0.62	1.19	0.68	0.00	0.24	0.25
广　东	2.16	0.05	1.18	0.73	62.60	6.70	36.56	18.61
广　西	0.15	0.02	0.07	0.04	25.57	0.00	11.61	9.50
海　南	0.11	0.00	0.01	0.04	0.25	0.00	0.06	0.08
重　庆	0.01	0.00	0.00	0.00	4.97	0.00	1.36	1.84
四　川	0.14	0.00	0.07	0.05	2.93	0.01	1.29	1.02
贵　州	0.00	0.00	0.00	0.00	0.33	0.00	0.05	0.11
云　南	0.08	0.01	0.04	0.02	0.60	0.00	0.19	0.22
西　藏	0.00	0.00	0.00	0.00	0.04	0.00	0.01	0.01
陕　西	0.02	0.00	0.01	0.01	1.60	0.00	0.60	0.63
甘　肃	0.01	0.00	0.00	0.00	0.00	0.00	0.00	0.00
青　海	0.00	0.00	0.00	0.00	0.07	0.00	0.02	0.03
宁　夏	0.00	0.00	0.00	0.00	0.00	0.00	0.00	0.00
新　疆	0.55	0.04	0.24	0.18	0.00	0.00	0.00	0.00

资料来源：《中国水资源公报》、《中国农业统计年鉴》。

二　粮食出口量及变化

1999～2007年，中国累计出口粮食（稻谷、小麦、玉米、大豆）972.34亿千克，其中吉林、黑龙江、内蒙古、辽宁4省（区）累计出口粮食较多，其出口量占全国累计出口粮食量的比例分别为42.32%、16.88%、10.57%和10.26%，合计为80.03%。从中国1999～2007年出口粮食数量的变化情况（见图7－1a）看，2000年、2002年、2003年和2005年中国粮食出口量都超过了100亿千克，特别是2003年达到了218.17亿千克。之所以出现这种现象，从外贸政策因素看，有如下两个方面的原因。一是中国认真履行有关WTO的承诺，农产品市场对外开放进一步扩大；二是中国积极调整农产品进出口贸易结构。2003年中国农产品出口增长幅度较快的重要原因之一就是我国按照比较优势和竞争优势调整了农产品生产结构和对外贸易结构，扩大出口我国具有一定竞争优势的农产品。

三　粮食进口量及变化

1999～2007年，中国累计进口粮食1851.42亿千克，其中，进口粮食数量较大的省（市、区）为江苏、广东、山东、河北、辽宁，它们累计进口的粮食数量为365.06亿千克、329.07亿千克、321.81亿千克、127.52亿千克、124.30亿千克，占全国累计进口粮食的比例分别为19.72%、17.77%、17.38%、6.89%、6.71%。从中国1999～2007年粮食进口数量的变化情况看（见图7－1b），中国粮食进口量在整体上呈现递增态势。从长远看，中国人多地少、水资源短缺、水资源与土地资源空间分布不匹配的国情不可逆转，需要通过增加粮食进口以弥补国内粮食生产资源的不足。

四　粮食净出口量及变化

1999～2007年的9年中，中国粮食国际贸易有4年表现为净出

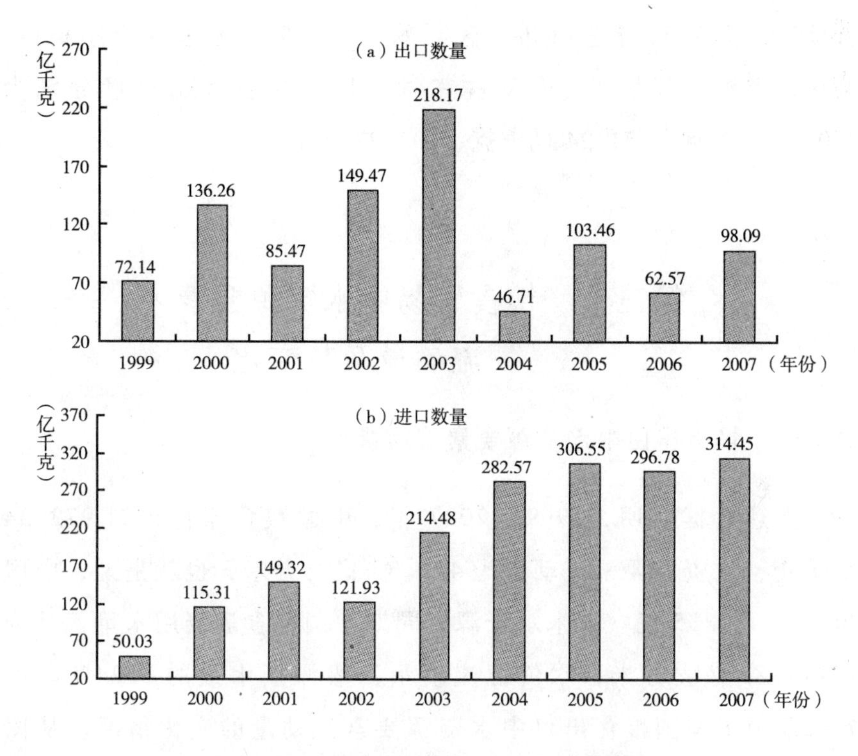

图 7－1　中国历年粮食出口、进口数量

口，入世后在经过 2002 年和 2003 年连续两年的净出口后，到 2004 年之后，中国的粮食进口量又急剧增加，而且一直表现为净进口，净进口数量一直在 200 亿千克以上。

1999～2007 年中国累计净进口粮食 847.53 亿千克。在全国 31 个省（市、区）中，有 20 个省（市、区）的粮食国际贸易表现为净进口。其中，粮食净进口数量超过 300 亿千克的省份有江苏（326.95 亿千克）、广东（325.44 亿千克）、山东（311.40 亿千克）；粮食净进口量超过 100 亿千克的省份有广西（103.80 亿千克）、福建（103.73 亿千克），其后依次为河北（96.93 亿千克）、浙江（92.59 亿千克）、北京（70.74 亿千克）、上海（42.33 亿千克）。由此看出，除广西之外，粮食净进口量较大的省份均处于东部地区。其余 11 个省（市、区）的粮食国际贸易表现为净出口，其中，吉林、黑龙江、内蒙古三省（区）粮食净出口量分别为 400.81 亿千克、171.24 亿千克、102.92 亿千克。

第三节　粮食贸易中水资源要素流动量及其变化

一　粮食出口中水资源要素流动量

上述数据表明，1999～2007 年，中国粮食累计出口 972.34 亿千克，水资源要素流动量为 420.35 亿立方米，也就是说，中国出口了 420.35 亿立方米水资源，同期中国粮食灌溉用水量累计为 18741.85 亿立方米，水资源流动量占灌溉用水量的 2.24%。图 7－2反映了中国粮食出口中水资源要素流动量的变化情况。从图 7－2中可以看出，中国粮食出口中水资源要素流动量变化处于波动之中，到 2003 年达到 92.32 亿立方米。出现这种波动的原因有以下两个方面：一是粮食生产的波动带来了粮食出口量的波动，二是由于出口粮食结构的变化。

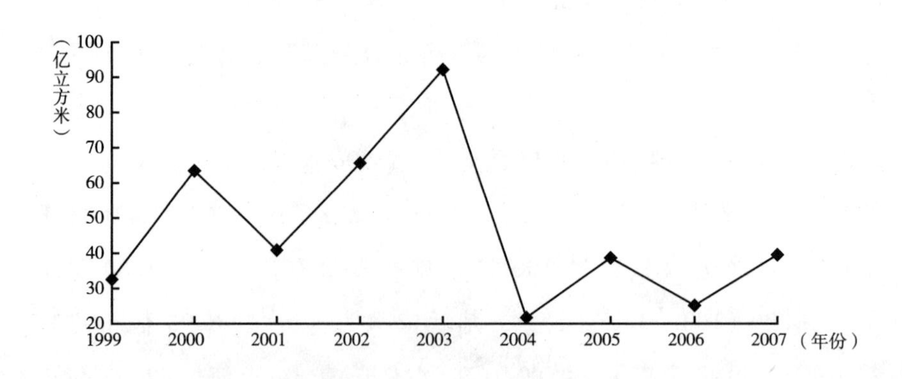

图 7－2　中国粮食出口中水资源要素流动量变化

与粮食出口的区域分布相对应，水资源流动量较大的省（区）包括吉林、黑龙江、内蒙古、辽宁，分别为99.54亿立方米、82.81亿立方米、45.24亿立方米、43.32亿立方米，分别占中国粮食出口中水资源要素流动量的23.68%、19.70%、10.76%、10.31%。图7－3是中国出口水资源的区域分布情况。

二　粮食进口中水资源要素流动量变化

1999～2007年，中国累计进口粮食1851.42亿千克，水资源流动量为2039.31亿立方米。从动态变化来看，中国粮食进口中水资源要素流动量总体上呈现上升态势，只有2002年出现了下降，具体情况见图7－4。

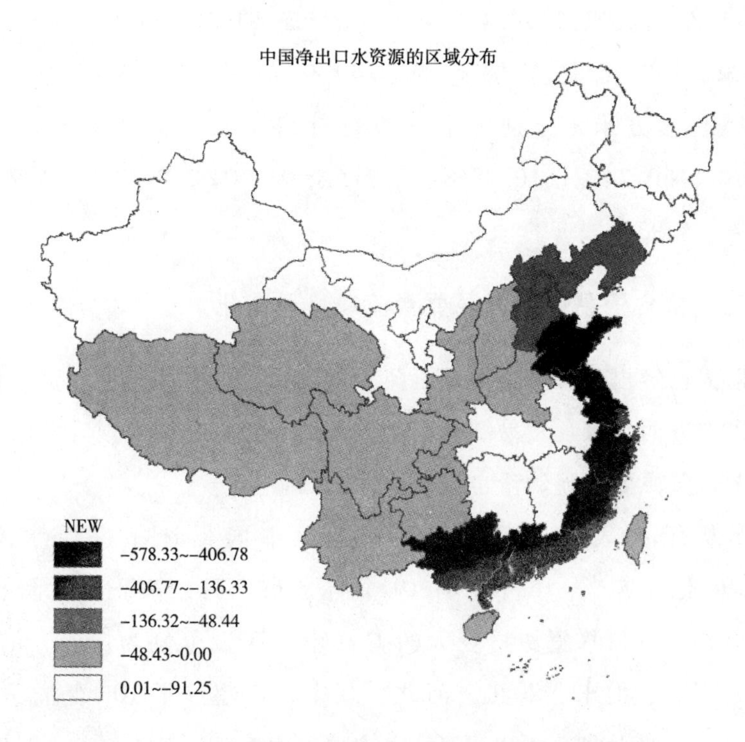

图7－3　中国粮食出口中水资源要素流动量的区域分布

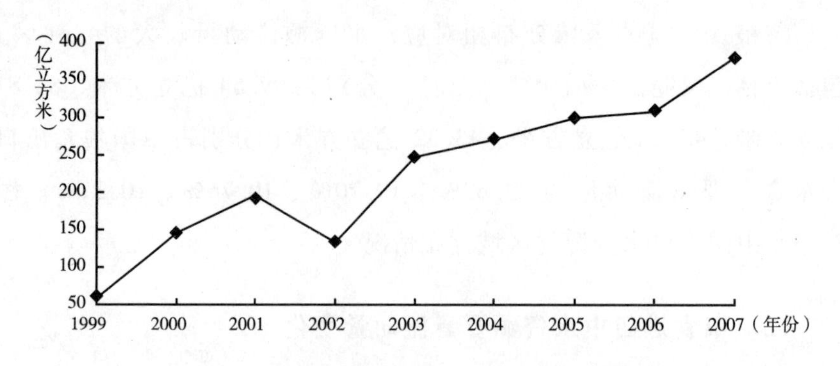

图 7-4　中国粮食进口中水资源要素流动量变化

从省级层面看，粮食进口贸易中，水资源流动量较大的省（市、区）包括广东、江苏、广西、山东、福建、辽宁、浙江、河北、北京，都超过了 100 亿立方米，分别为 593.42 亿立方米、422.90 亿立方米、219.74 亿立方米、173.51 亿立方米、172.09 亿立方米、149.25 亿立方米、137.40 亿立方米、125.84 立方米、100.45 亿立方米，分别占中国粮食进口中水资源要素流动量的 29.10%、20.74%、10.78%、8.51%、8.44%、7.32%、6.74%、6.17%、4.93%。

三　粮食贸易中水资源要素流动量及变化

前面已经提到，水资源要素流动量的大小一方面与粮食贸易量有关，另一方面与粮食贸易结构有关。因此，粮食贸易表现为净出口并不说明水资源要素流动量也表现为净出口。

分析结果表明，1999～2007 年，中国累计净进口水资源 1618.96 亿立方米，其中，有 19 个省（市、区）表现为水资源的净进口，净进口水资源量较大的省（市、区）分别为广东、江苏、广西、福建、山东、浙江、河北、辽宁，都超过了 100 亿立方米，水资源进口量分别为 578.33 亿立方米、406.78 亿立方米、218.86 亿立方米、171.63 亿立方米、171.02 立方米、136.33 亿立方米、

113.60亿立方米、105.92亿立方米，占全国水资源净进口量的比例分别为35.72%、25.13%、13.52%、10.60%、10.56%、8.42%、7.02%、6.54%。其余的12个省（市、区）表现为水资源的净出口，其中吉林、黑龙江、内蒙古、江西4省（区）水资源净出口量分别为91.25亿立方米、81.34亿立方米、45.24亿立方米、16.61亿立方米。

从动态来看，中国水资源净进口量与粮食进口所带来的水资源要素流动量表现出同样的变化趋势特征：除2002年有所下降外，总体上呈上升趋势，从1999年的25.50亿立方米增加到2007年的340.75亿立方米，增长了12.36倍。

第四节　粮食国际贸易对区域水资源可持续利用的影响

一　水资源压力构建方法

通常将区域水资源量的40%作为水资源可持续利用的警戒线上限（下限20%，中限30%，上限40%）。参考这个标准，可以分析区域农业用水对水资源可持续利用的影响程度。将区域水资源禀赋的40%乘以农业用水比例作为农业可持续利用的水量，如果农业用水超过了农业可持续利用的水量，则其水资源利用可能是不可持续的。

分析农业用水对区域农业水资源可持续利用的方法是构建农业水资源压力指数，具体计算方法如下。

第一步，计算区域农业可持续利用水资源量（W_S）：

$$W_s = W_Q \times 40\% \times R_a \qquad (7-6)$$

其中，W_Q 为区域水资源禀赋，即区域水资源量，R_a 是区域历年农业用水比例的平均值。

第二步，计算农业水资源压力指数（$AWPI_p$）：

$$AWPI_p = \frac{W_A}{W_S} \tag{7-7}$$

其中，W_A 为区域农业灌溉用水量。

第三步，根据第二步的计算结果对区域水资源利用问题进行分析，判断出水资源利用的区域分布以及农业用水量对区域水资源可持续利用的影响程度。

在丰水年、枯水年，农业灌溉用水量存在很大的差异。为了消除丰水年、枯水年农业灌溉用水量的不同对农业水资源压力指数的影响，计算中对农业灌溉用水量进行了相应调整。

根据农业水资源压力指数的含义及大小，参考农业可持续性评价的分类（李周等，2006），这里试图将农业水资源压力指数划分成 6 个范围，对应于水资源利用的 6 个不同状态（见表 7-2）。

表 7-2　农业水资源压力指数与水资源利用状态对应关系

类　型	农业水资源压力指数	水资源可持续利用状态
类型一	$AWPI < 0.5$	强可持续
类型二	$0.5 \leq AWPI < 0.8$	较强可持续
类型三	$0.8 \leq AWPI < 1.0$	脆弱可持续
类型四	$1.0 \leq AWPI < 1.2$	脆弱不可持续
类型五	$1.2 \leq AWPI < 1.5$	较强不可持续
类型六	$1.5 \leq AWPI$	强不可持续

根据上面所得到的参数，采取如下方法对粮食贸易带来的水资源压力进行估算。

第一步，计算粮食贸易带来的水资源压力指数（$AWPI_T$）：

$$AWPI_T = \frac{W_T}{W_S} \quad (7-8)$$

其中，W_T、W_S 分别是前面已经提到过的粮食国际贸易水资源流动量以及区域农业水资源可持续利用量。

第二步，计算粮食贸易带来的水资源压力对水资源可持续利用的影响程度（ED）：

$$ED = \frac{AWPI_T}{AWPI} \times 100 \quad (7-9)$$

其中，$AWPI$ 为农业水资源压力指数。

二　农业水资源压力指数及水资源利用状态分析

（一）国家层面上农业水资源压力指数及其变化

经计算，1999～2007 年中国农业水资源压力指数平均为 0.2767，处于水资源强可持续利用状态，即农业灌溉并没有对水资源的利用构成威胁；从动态来看，中国农业水资源压力指数呈现出递减的态势，从 1999 年的 0.3392 递减到 2007 年的 0.2363，减小幅度为 0.1028，下降了 30.34%。

（二）省级层面农业水资源压力指数及水资源利用状态分析

研究结果表明，农业水资源压力指数小于 1，即水资源利用处于可持续利用状态的省（市、区）有 23 个，其中处于水资源强可持续利用状态的省（市、区）有 18 个。在 23 个省（市、区）中，东部地区有 5 个，其中强可持续状态的有 4 个，脆弱可持续状态的有 1 个；中部地区有 7 个，其中强可持续的有 4 个，较强可持续状态的有 3 个；西部地区有 11 个，其中强可持续状态的有 10 个，脆弱可持续状态的有 1 个（见表 7－3）。

表 7－3　农业水资源压力指数的空间分布

水资源利用状态	东部地区	中部地区	西部地区
强可持续	浙江、海南、福建、广东	江西、湖南、湖北、安徽	西藏、青海、云南、贵州、四川、广西、重庆、陕西、新疆、内蒙古
较强可持续	—	吉林、黑龙江、河南	—
脆弱可持续	辽宁	—	甘肃
脆弱不可持续	山东	山西	宁夏
强不可持续	江苏、北京、河北、上海、天津	—	—

资料来源：根据计算结果整理。

其余 8 个省（市、区）农业水资源压力指数均大于1，即水资源利用处于不可持续利用状态。这 8 个省份中 6 个分布在东部地区，中部地区、西部地区各 1 个。在东部地区的 6 个省中，只有山东省处于水资源利用的脆弱不可持续状态，江苏、北京、河北、上海、天津都处于强不可持续状态。出现这种情况的原因是：北京、上海、天津 3 个大都市都在进行区域之间的调水，而山东、江苏两省都是经济较发达省份，河北则处于华北平原缺水区，而且还需向北京调出水。中国农业水资源压力指数的空间分布见图 7－5。

为了分析不同省（市、区）农业水资源压力指数的变化态势，将 1993～2007 年划分成 1993～2003 年、2004～2007 年两个时段，本研究分别计算两个时段内农业水资源压力指数的平均值。分析结果（见表7－4）表明：农业水资源压力指数增加的省（市、区）有 7 个，它们分别是天津、辽宁、山东、北京、黑龙江、广东、西藏，从这 7 个省（市、区）所处的地理区域看，有 5 个省（市、区）处于东部地区。其余 24 个省（市、区）农业水资源压力指数都是下降的，这就表明，它们在趋向一个可持续的发展状态，其中，内蒙古从较强可持续状态进入强可持续状态；甘肃省的水资源可持续利用状态

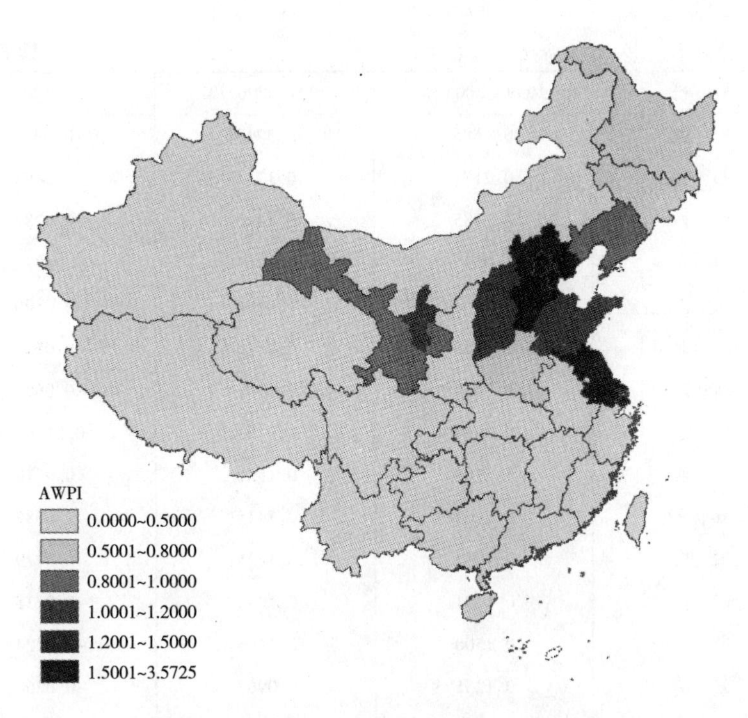

图 7－5　中国农业水资源压力指数的区域分布

则发生了根本性的变化，从脆弱不可持续状态进入脆弱可持续状态；辽宁省的水资源利用状态则发生了根本性的逆向变化，从较强可持续状态进入脆弱不可持续状态。

表 7－4　不同省份农业水资源压力指数的变化

省　份	1999～2003 年	2004～2007 年	变化量
北　京	1. 8035	1. 8831	0. 0796
天　津	2. 2786	4. 6077	2. 3292
河　北	2. 7114	2. 4198	－0. 2915
山　西	1. 1951	1. 1457	－0. 0494
内蒙古	0. 5215	0. 4710	－0. 0505
辽　宁	0. 7482	1. 0595	0. 3113
吉　林	0. 5482	0. 5436	－0. 0046
黑龙江	0. 6963	0. 7158	0. 0194
上　海	3. 8849	2. 5685	－1. 3164
江　苏	1. 7371	1. 7279	－0. 0092
浙　江	0. 3128	0. 2163	－0. 0964

续表

省　份	1999～2003年	2004～2007年	变化量
安　徽	0.4685	0.3713	-0.0971
福　建	0.2181	0.1718	-0.0463
江　西	0.1785	0.1496	-0.0289
山　东	1.0527	1.1414	0.0887
河　南	0.7684	0.6788	-0.0896
湖　北	0.3555	0.2746	-0.0809
湖　南	0.2662	0.1983	-0.0678
广　东	0.3058	0.3193	0.0136
广　西	0.2108	0.1596	-0.0512
海　南	0.2102	0.1415	-0.0687
重　庆	0.1953	0.1725	-0.0229
四　川	0.1481	0.1246	-0.0235
贵　州	0.1500	0.1176	-0.0324
云　南	0.1235	0.0967	-0.0268
西　藏	0.0055	0.0093	0.0038
陕　西	0.4158	0.4053	-0.0105
甘　肃	1.0253	0.9571	-0.0682
青　海	0.0607	0.0579	-0.0028
宁　夏	1.1614	0.9562	-0.2052
新　疆	0.4695	0.4058	-0.0637

三　粮食国际贸易背景下的农业水资源压力及水资源利用状态

（一）粮食国际贸易对农业水资源压力指数的影响

表7-5反映了考虑粮食国际贸易情况时的农业水资源压力指数与前面计算所得的农业水资源压力指数的对比情况。从对比中可以看出，在粮食国际贸易情况下，中国农业水资源压力指数为0.2522，比没有考虑粮食国际贸易时下降了0.0245，下降了8.86%。这表明，粮食国际贸易所带来的水资源要素进口对缓解区

域水资源压力具有积极的作用，因而可以将其作为解决区域水资源短缺的一种有效选择。不过，过度进口水资源往往会引起区域之间、国家之间的政治摩擦。

表 7-5 粮食贸易对农业水资源压力指数的影响程度

单位：%

行政区	粮食国际贸易下的水资源压力指数	绝对差值	相对程度
全国	0.2522	-0.0245	-8.86
北京	-0.9721	-2.8197	-152.61
天津	0.2580	-3.3145	-92.78
河北	2.2281	-0.3213	-12.60
山西	1.1622	-0.0054	-0.47
内蒙古	0.5242	0.0308	6.25
辽宁	0.7401	-0.1811	-19.66
吉林	0.6452	0.0996	18.25
黑龙江	0.7537	0.0465	6.58
上海	0.7265	-2.4270	-76.96
江苏	1.2142	-0.5178	-29.89
浙江	0.1892	-0.0700	-26.99
安徽	0.4180	0.0035	0.83
福建	0.1281	-0.0643	-33.42
江西	0.1667	0.0042	2.60
山东	0.8784	-0.2236	-20.29
河南	0.6928	-0.0258	-3.59
湖北	0.3110	0.0004	0.14
湖南	0.2287	0.0002	0.08
广东	0.1327	-0.1806	-57.64
广西	0.1397	-0.0426	-23.38
海南	0.1720	0.0000	0.00
重庆	0.1771	-0.0055	-3.02
四川	0.1339	-0.0012	-0.85
贵州	0.1319	-0.0001	-0.09
云南	0.1085	-0.0001	-0.06
西藏	0.0076	0.0000	-0.08
陕西	0.4041	-0.0059	-1.43
甘肃	0.9875	0.0000	0.00
青海	0.0957	0.0365	61.71
宁夏	1.0475	0.0002	0.01
新疆	0.4352	0.0011	0.25

从省级层面看，有19个省（市、区）的农业水资源压力指数是减小的，也就是说，这些省（市、区）通过粮食国际贸易进口了水资源，减少了区域农业水资源压力指数。农业水资源压力指数减小幅度较大的有天津、北京、上海、江苏、河北、山东、辽宁、广东8个省（市）。在其他12个省（市、区）中，除海南、甘肃两省没有受到影响之外，其余10个省（市、区）的农业水资源压力指数增加了，也就是说，这些省（市、区）通过粮食国际贸易出口了水资源，加大了区域农业水资源压力指数。农业水资源压力指数增加幅度较大的有吉林、黑龙江、青海、内蒙古4个省（区）。

（二）粮食国际贸易对区域水资源利用状态的影响

考虑粮食国家贸易时，不同省（市、区）农业水资源压力指数发生了变化，从而改变了不同区域的水资源利用状态。有19个省（市、区）水资源利用处于强可持续状态，其中，东北地区有6个省（市），中部地区有4个省、西部地区有9个省（市、区）；6个省（市）处于较强持续状态，其中，东部地区有2个省（市），中部地区有3个省、西部地区有1个省（区）；处于弱可持续状态的有2个省，其中，东部地区、西部地区各1个省；处于脆弱不可持续状态的有2个省（区），其中，中部地区、西部地区各1个省（区）；处于较强不可持续、强不可持续状态的各1个省，都分布在东部地区。图7-6是粮食贸易下中国农业水资源压力指数的区域分布。

对东部地区来说，处于强不可持续状态的省（市、区）从原来的5个减少为1个，江苏、北京、上海、天津4个省（市）的水资源利用都脱离了强不可持续状态，其中，北京、天津进入强可持续状态，上海进入了较强可持续状态，江苏进入了较强不可持续状态。

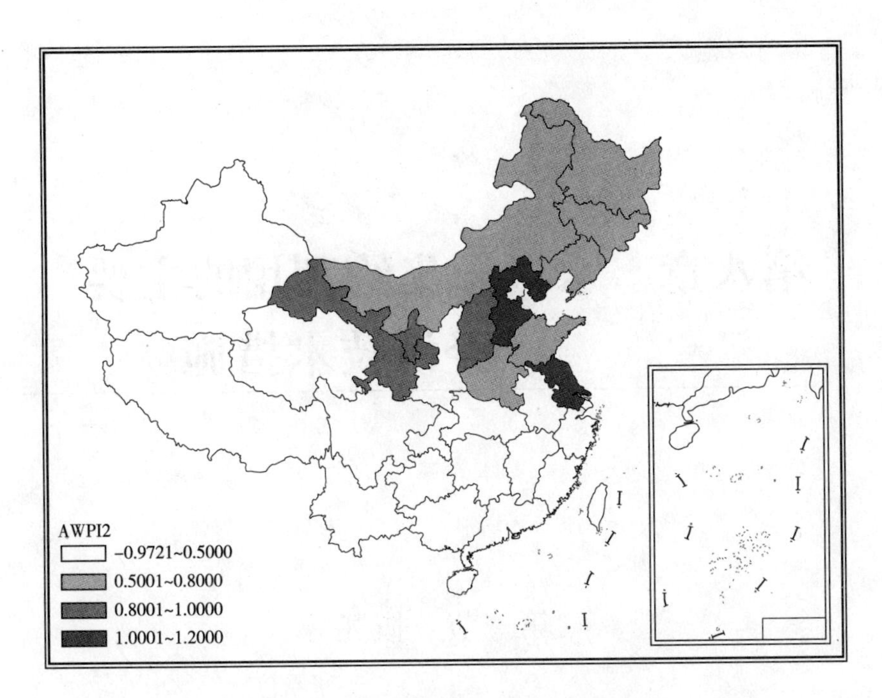

图 7-6　粮食贸易下中国农业水资源压力指数的区域分布

中部地区的 8 个省的水资源利用状态都没有发生变化。

在西部地区，除了内蒙古的水资源利用状态从强可持续退到较强可持续之外，其余 11 个省（市、区）的水资源利用状态都没有发生变化（见表 7-6）。

表 7-6　粮食国际贸易下农业水资源压力指数的空间分布

水资源利用状态	东部地区	中部地区	西部地区
强可持续	北京、福建、广东、浙江、天津、海南	江西、湖南、安徽、湖北	西藏、贵州、广西、重庆、云南、四川、陕西、新疆、青海
较强可持续	上海、辽宁	吉林、河南、黑龙江	内蒙古
脆弱可持续	山东	—	甘肃
脆弱不可持续	—	山西	宁夏
较强不可持续	江苏	—	—
强不可持续	河北	—	—

第八章　水资源集约利用的主要经济技术措施

第一节　概述

随着全球性水资源短缺日益严重，许多国家都在通过各种方式不断地改善其水资源管理制度，引入经济手段管理水资源。这是全球应对水资源短缺的必然结果，也是近30年来水资源管理引人注目的现象之一，它已成为目前中国水管理体制改革的重要组成部分。近年来，中国持续深化市场改革，发挥市场机制在优化水资源配置和发育水市场方面的作用，逐步形成了与社会主义市场经济体制相适应的水资源管理运行机制。例如，浙江义乌和甘肃张掖的水权交易、内蒙古和宁夏的水权转换、河北和北京的“退稻还旱”、河北衡水的“提补水价”等。无论是国内还是国外，水资源管理改革的目标都是一致的，即通过建立合理的体制机制，激励水资源利用主体采用更加集约的用水方式，从而实现个人目标和社会目标的一致。

究竟怎样的农业灌溉节水制度能够适应中国国情，既能有效节水，运行成本又足够低从而易于推广？水利部认为可以分为以下五个步骤。第一，明晰初始水权。明晰初始水权是节水型社会建设的工作基础。初始水权是指国家根据法定程序，通过水权初始化而明晰的水资源使用权。第二，确定水资源宏观总量与微观定额两套指标体系。一套是水资源的宏观总量指标体系，用来明确各地区、各行业乃至各单位、各企业、各灌区的水资源使用权指标，另一套是水资源的微观定额指标体系，用来规定单位产品或服务的用水量指标。第三，综合采用法律措施、工程措施、经济措施、行政措施、科技措施保证用水控制指标的实现。要特别注重经济手段的运用，尤其是制定科学合理的水价政策，“超用加价，节约有奖，转让有偿”，充分发挥价格对促进节水的杠杆作用。第四，制定用水权交易市场规则，建立用水权交易市场，实行用水权有偿转让，实现水资源的高效配置。水权可以有偿转让：占用了他人的水权，需要付费；反之，出让水权，可以收益。通过水权交易市场进行用水权的有偿转让，买卖双方都会考虑节水，社会节水的积极性被调动，水资源的使用就会流向高效率、高效益的领域。第五，用水户参与管理。建设节水型社会要鼓励社会公众以各种方式广泛参与，使得相关利益者能够充分参与政策的制定和实施过程。如成立用水户协会，参与水权、水量的分配、管理、监督和水价的制定。用水户协会要实行民主选举、民主决策、民主管理、民主监督，充分调动广大用水户参与水资源管理的积极性。总体来看，促进水资源集约利用的经济技术手段包括构建水价制度、水权和水市场制度，以及基于社区层面的水资源管理制度。

第二节 水价制度

价格偏低是中国自然资源利用中普遍存在的问题，由于价格难以反映资源的稀缺程度，从而造成通过价格调整资源配置的市场机制难以正常发挥作用，导致自然资源的过量消耗。因此，合理调整水资源价格形成机制，使水资源价格反映水资源的稀缺程度，是促进水资源集约利用的重要手段之一。

一 水价与水资源集约利用

在市场经济条件中，资源的配置是通过价格的涨跌来实现的，价格对资源利用方式起着至关重要的作用。市场通过价格调节经济主体的决策，使经济主体在自然资源投入、技术投入、资金投入等方面寻求最优的比例结构。这种比例结构与资源价格存在内在的联系，即价格影响资源的投入量和比例。市场经济中，经济主体以利润最大化为目的，采取什么样的生产方式是通过对投入产出的权衡决定的。因此，在合理的价格引导下，经济主体会从自身利益最大化的角度，自动调节自然资源利用方式，向集约利用的方向转变。

表 8－1 是部分工业化国家水价增长率情况。

表 8－1 部分工业化国家 1994 年 7 月至 1995 年 7 月水价增长率

单位：%

国　家	水价变化	通货膨胀率	国　家	水价变化	通货膨胀率
澳大利亚	－18.04	4.5	意大利	8.04	5.8
比利时	20.84	1.3	荷　兰	4.40	1.8
加拿大	6.22	2.9	挪　威	1.98	2.7
芬　兰	0.00	1.9	南　非	7.45	10.0
法　国	16.45	2.4	西班牙	2.92	4.3
德　国	7.06	2.3	瑞　典	0.00	2.9
爱尔兰	5.97	2.8	英　国	3.70	3.5

资料来源：李晶、宋守度、姜斌等编著《水权与水价——国外经验研究与中国改革方向探讨》，中国发展出版社，2003。

一般认为，水价包括资源水价、工程水价和环境水价。资源水价是指使用天然水资源所付出的代价，包括其他用水者和用水类别或社会减少用水的损失，是水资源稀缺价值的度量或称稀缺租，本质上是水资源绝对地租和级差地租。工程水价是一个体现从水资源的取用到形成水利工程供水这一商品的全部劳动价值量，表现为供水的生产成本和产权收益。环境水价即污水处理设施的生产成本和产权收益，它可以通过治污的机会成本进行计算。高明等（2005，2007）认为，按照可持续利用原则，水价应包括以上三部分，才能保证资源使用的代际公平。但由于受一些认识与理论的影响，传统观点认为自然资源不是劳动产品，因而无价。如果水价只反映工程水价或其中一部分，忽视了资源水价与环境水价，则一方面会引起对水资源的过量需求，从而导致水资源浪费，另一方面，水价与用水成本的偏离，忽略了对水资源社会和环境价值补偿，使外部性成本不能内部化。也就是说，如果水价低于水成本，水资源耗竭速度和紧缺程度不能用价格信号准确地表达出来，水资源耗竭的变化不能真正反映在经济主体的成本中，就难以用经济手段加强对水资源的管理和保护，就会导致经济主体在决策上不考虑水资源耗竭的损失，难以形成水资源集约利用的激励。因此，从鼓励水资源集约利用的角度，大多数国家的水价都呈现出上涨的趋势，而且一般高于通货膨胀率。

二　中国水价改革的历程

1964年，水利电力部召开了首次全国水利管理会议，提出了《水费征收和管理的试行办法》，由此开启了中国水价制度建设的历史。1965年10月13日，国务院在批转水利电力部制定的《水费征收和管理的试行办法》中规定："凡以发挥兴利效益的水利工程，其管理、维修建筑物、设备更新等费用，由水利管理单位向受益单位征收水费解决。水费标准，应按照自给自足、适当积累的原则，并参照受益单位的情况和群众的经济力量合理确定。"但是，由于当时正处于"文化大革命"期间，中国的水价制度并没有得到很好的执行。改革开放以后，中国才正式建立起水价制度。随着中国社会经济发展和体制改革的深入，中国的水价制度大约经历了三个阶段。

第一阶段：政策性有偿供水阶段（1980～1985年）。这个阶段，政策规定农业用水需要按照供水成本收取一定的费用。1982年，中共中央一号文件指出："城乡工农业用水应重新核定水费。"但实际操作中这一规定并未被严格执行，大部分地区的农业用水依然是免费的，少数收取水费的地区收取的也只是象征性费用。

第二阶段：重视成本核算阶段（1986～1997年）。1985年，国务院颁布的《水利工程水费核定、计收和管理办法》规定："水费标准应在核算供水成本的基础上，根据国家经济政策和当地水资源状况，对各类用水分别核定。"同时规定粮食作物水费计收以工程供水成本为标准，经济作物水费略高于供水成本。1987～1996年，各省（市、区）也先后颁布了水利工程水费核定、计收和管理实施办法或实施细则，各县市也制定了与之配套的水费文件。表8－2是各省（区、市）改革前的农业工程水价。截至1991年，绝大部分省（市、区）都审定了本区域的水利工程水价。韩青（2004）的研究结果表明，1985～1997年，中国平均水价水平有了大幅度提高，1996年全国水费收入为41亿元，是1985年全国水费收入5.6亿元的7倍多，11年间水费收入平均递增率为20%左右。但直到1997年，中国水价仍未达到供水成本，供水成本回收率为30.6%。供水成本回收水平低的主要原因是农业供水成本回收率太低。

表8－2　改革前中国农业工程水价

单位：分/吨

省　份	农业（粮食）用水	省　份	农业（粮食）用水
北　京	2	河　南	4
天　津	4	湖　北	4（以粮计价折算）
河　北	7.5	湖　南	3.2（以粮计价折算）
山　西	6.18（1996年平均）	广　东	1
内蒙古	2.3	广　西	3（以粮计价折算）
辽　宁	3	海　南	1.7（以粮计价折算）
吉　林	3（综合）	四　川	3.1（1996年平均）

续表

省　份	农业(粮食)用水	省　份	农业(粮食)用水
黑龙江	2.4	贵　州	2(以粮计价折算)
上　海	1.5	云　南	2(综合)
江　苏	1(综合)	陕　西	3.9(1996年平均)
浙　江	1.5(以粮计价折算)	甘　肃	不低于3(自流)
安　徽	4.2(以粮计价折算)	青　海	4(以粮计价折算)
福　建	3.5(以粮计价折算)	宁　夏	0.6(自流)
江　西	1.6(以粮计价折算)	新　疆	1.8(1996年平均)
山　东	3.22(1996年平均)	重　庆	3(综合)

资料来源：中国水利编辑部《水价改革势在必行》，《中国水利》1998年第1期，第6~8页。

第三阶段：水价改革发展阶段（1998年至今）。1997年，国务院发布的《水利产业政策》规定："新建水利工程的供水价格，按照满足运行成本和费用，缴纳税金、归还贷款和获得合理利润的原则制定。原有工程的供水价格，要根据国家的水价政策和成本补偿、合理收益的原则，区别不同用途，在三年内逐步调整到位，以后再根据供水成本变化情况适时调整。"以及"根据工程管理的权限，由县级以上人民政府物价主管部门制定和调整水价"。此后，中国水价改革步入了快速发展的新时期。2002年，国家发展计划委员会发布了《关于改革水价的指导意见》，主要内容包括：农业用水价格也要在清理整顿中间环节乱加价乱收费的基础上适当调整，但要注意农民承受能力。可以考虑对农民采取核定合理灌溉用水定额，定额外的用水实行较大幅度提价的办法。2003年7月，国家发展和改革委员会和水利部联合发布了《水利工程供水价格管理办法》，以促进节约用水和水资源的可持续利用为核心内容，确立了水利工程供水的商品属性，规范了水利工程供水价格构成，明确了水价管理权限。规定农业用水按补偿供水生产成本、费用的原则核定，各地可根据水资源丰缺状况和供求状况自主确定，鼓励推行基本水价和计量水价相结合的两部制水价。

根据对西北地区水价情况的调研结果，水价调整可以解决水资源集约利用中的一些问题，对水资源的可持续利用起到了促进作用。2003 年，陕西省在总结推广泾惠渠计算机开票到户经验的基础上，在全省 12 个大中型灌区进行了末级渠系水价改革，全面实施了“一价到田头”、计算机开票到户制度，有效地遏制了水费乱加价、乱搭车、乱收费现象。2009 年，甘肃省水利工程供水平均水价比 2008 年提高了 0.011 元/立方米，达到 0.103 元/立方米，其中农业灌溉平均水价为 0.098 元/立方米。全省万亩以上灌区平均水价为 0.110 元/立方米，其中农业灌溉水价为 0.104 元/立方米，工业平均水价为 0.53 元/立方米，城镇生活供水平均水价为 0.63 元/立方米，农村生活供水平均水价为 0.44 元/立方米。

三　中国水价制度的现状评价

王亚华（2007）认为，经过 30 多年的改革，中国水价已经实现了从传统计划体制下无偿或福利型向有偿或商品型的根本性转变。具体表现在以下四个方面。第一，水价体系逐步健全，水价总体水平逐步提高。第二，有利于节水的灵活水价制度得到初步推行。水利工程供水方面，实行了超定额累进加价制度。一些地方积极探索和推行“超定额累进加价”“丰枯季节水价”“两部制水价”等科学的计价制度，充分发挥价格杠杆对水供求关系的调节作用。第三，全面实行了有利于用水户合理负担的分类水价。根据用水的不同性质以及用水户的承受能力，实行分类水价体系。第四，水价管理形式多样化，水价决策程序规范化。

同时，水价制度尤其是农业水价制度依然存在诸多不利于水资源集约利用的问题。一是现行农业水价形成机制不能反映用水者对灌溉用水的不同需求，导致农户对灌溉水的过度利用，不能及时地对灌溉工程进行建设和维修。二是偏低的农业水价导致农户缺乏采用先进节水灌溉技术的内在激励和灌区的节水灌溉技术供给不足。

四　提补水价制度的启示

长期以来，国家对灌溉用水实施不收费或象征性极低价收费的用水政策，是造成水资源浪费和工程节水效果不佳的重要原因之一。发挥价格机制在资源配置中的基础性作用，也应该是制度节水的首选。提高水价，反应水资源的稀缺程度，可以很好地达到效果，城镇的阶梯计价方式实质也是如此。然而，农业用水的提价一直都是很谨慎的。一方面担心农民在经济上难以承受，最终影响农业发展和社会稳定，削弱农业在国民经济中的基础地位；另一方面担心灌溉水价提高之后，影响农民种粮的积极性，从而对国家粮食安全造成影响。农业水价改革的悖论就在于，农业水价改革（主要是提高水价）与提高农民收入的目标相背离：农业的经济产出和农民的承受能力较低，水价太高会增加农民负担，地方政府担心提高水价负面效应。近几年，一些发达地区为了减轻农民负担，甚至还减免了农业水费。事实上，农民对水费的收缴也持否定态度。他们认为，国家对农业生产采取了一系列的惠农政策，如种粮补贴、良种补贴政策等，国家也应该免收水费，并给予一定的补贴，增加农民的种粮积极性。但是，如果水价不提高，节约用水的激励机制就难以形成，农业节水的目标就很难实现。

为了解决上述问题，自 2005 年以来，衡水市桃城区以农村水价改革为切入点，创造性地实施了“提补水价”政策，即“提价 + 补贴”的方式。具体的实施过程是，深层水每立方米由当时的 0.35 元提高到 0.5 元，浅层水每立方米由当时的 0.2 元提高到 0.25 元，地表水价格不变，仍然是每立方米 0.14 元。提价多收的钱由村里有威望的同志负责保管，水务局给予深层地下水每立方米补贴 0.05 元，二者一起作为节水调节基金，每半年按公示的承包地面积平均发放。从实地调查来看，提补水价政策实施以来，经济效益、社会效益、生态效益显著。提补水价制度巧妙之处在于，既提高了水价，通过较高的水价达到反映水资源稀缺性的政策效果，提高农户参与节水的积极性，同时又通过补助形式，将多收的农民的钱补回来。

“提补水价制度”的实施促使农民转变了灌溉方式，平均每亩次灌溉用水量降低了20立方米，灌溉周期均缩短了近1/3，极大地提高了灌溉效率。从纯井灌区的试点效果看，试点村的年节水效果明显，节水率在制度实施年份平均达到18.85%（见表8－3）。

表8－3　纯井灌试点村制度实施各年节水率计算表

单位：万立方米，%

年份	试点村用水量	用水自然变化率	试点村自然用水量	相对节水量	各年节水率
2005	196.92	—	—	—	—
2006	160.90	－2.18	192.62	31.71	16.46
2007	139.45	－12.53	172.24	32.80	19.04
2008	120.56	－22.45	152.71	32.14	21.05
平均	—	—	—	32.22	18.85

资料来源：常宝军、刘毓香《“一提一补”制度节水效果研究》，《中国水利》2010年第7期，第50～53页。

从理论上来讲，“提补水价”政策内含节水竞争机制。这种机制实质是依据平均用水量进行奖罚，而平均用水量是随用水户的行为变化而不断变化的。当节水成为用户的自觉行为时，则更有效节水的农户仍然可以获得奖励。如此一来，节水则成为挖掘潜力的行为，激发群众采取更加节水的方式的动力。该政策的目的是节水，而不是为了增加水费收入，在农民层面上易于执行。此外，贫困户更愿意采取节水行为，以减少水费支出，因此，这种水价形成机制不会引起弱势群体的不满。同时，这个制度也引入了价格机制，充分发挥水价在农业节水过程中的重要作用。

第三节　水权与水市场制度

一　水权交易与水资源集约利用

水权交易制度实际上是一种政府和市场相结合的水资源管理制度，即政府为水权交易提供了一个清晰和良好的法律框架和法律环境，而把提高水资源的使用效率和配置效率留给市场去解决。这样不仅可以避免水资源利用中的“市场失灵”和“政府失灵”，并且发挥了市场和政府各自的优势，因此在实践中取得了较好的制度绩效。研究表明，水权市场能够有效地提高水资源配置效率，并为市场参与者提供可观的经济收益。国内水权交易实践也证明，水权交易能够促进水资源的集约利用。例如，漳河利用水市场手段实现跨省调水，调节用水矛盾；甘肃张掖农民用水户之间的灌溉水权转让；宁夏、内蒙古两自治区“投资节水、转让水权”大规模、跨行业的水权转换。另外，北京市与张家口市、承德市合作开展的“退稻还旱工程”以类似市场交易的方式实现了从农业部门向城市生活用水部门调水。

二　中国水权制度改革历史演变与评价

在水权实践中，黄河流域是中国七大流域中唯一制定了全流域分水方案的河流。本部分以黄河流域为例，简要介绍中国改革开放以来的水权制度演变过程。

中国的水权制度改革大致经历了三个阶段：计划经济时期的水权制度，改革开放至 1987 年之前的水权制度，1987 年之后的水权制度。

计划经济时期的水权制度是一种公共水权制度，当时黄河流域用水大户——农业灌溉用水的水权制度仍以非正式水权制度约束为主。这种水权制度对用水浪费难以起到约束作用。总而言之，这一时期的黄河水权制度是公共水权基础上的非正式水权制度安排，这种制度安排难以起到对浪费用水的约束作用和对节约用水的激励作用。改革开放至1987年之前的黄河水权制度在正式制度安排方面实现了诸多突破，随着计划管水制度、黄河流域的配水制度、个别省区的取水许可制度和水费水资源费征收制度等的确立，黄河正式水权制度安排的雏形逐渐显现。这一时期黄河流域虽然进行了宏观配水，但总体上农户用水仍缺乏硬约束，由于水费很低，水费到农户一级还是平均分配，人们还是认为水是用之不尽的公共财富，用水花不了多少钱，所以很难真正鼓励人们节水。1987年以后，黄河流域正式水权制度安排不断出台，逐步在形成以《水法》为基础，以取水许可制度为核心，以《黄河可供水量分配方案》为全流域水量分配依据，以水权转换为微观主体的水资源重新配置的有效机制，以流域管理与行政区域管理相结合的正式水权制度体系。这些正式制度安排为黄河流域的统一管理、全流域配水、水行政管理、水权转换提供了法制化、规范化的制度依据，为提高黄河水的配置和利用效率提供了可能。由于黄河水资源经济价值的不断提高，各项正式水权制度的逐渐细化、完善并强制性实施，人们从节约用水、水权转让中收益的不断增加中，也逐渐改变了传统的水意识和水习惯，黄河水权制度由以传统的非正式约束为主向以正式约束为主转变。这也说明了制度安排规定人的选择维度，提供了具有经济价值的激励或限制。但目前正在萌芽中的可交易水权制度还需要大力发展，让市场机制在水资源的优化配置中发挥主导作用。由于中国没有公水与私水之分，加上传统计划经济体制的作用，政府已经太习惯于配置水资源（肖国兴，2004），而可交易水权制度的建立需要政府在对水资源做初始的界定后逐渐由配置者过渡为监督者。

在计划经济时代，由于水资源相对丰富，水资源的利用处于开放状态，主要受开发能力和取用成本制约，基本上不存在用水竞争和经济配给问题，可以认为不存在系统的产权制度安排。改革开放之后的很长一段时期内，水资源的利用是计划经济的延续，水资源利用基本上仍处于开放状态，排他性很弱，用水呈现粗放增长，水资源开始成为稀缺性的经济资源，用水竞争性日益显现，主要表现为区域间水事冲突日益增多。这一时期，水资源产权制度因资源稀缺而成为必要。一系列水资源管理制度从 20 世纪 80 年代后期，特别是 1988 年《水法》颁布之后开始付诸实施。这些制度包括水长期供求计划制度、水资源的宏观调配制度、取水许可制度、水资源有偿使用制度、水事纠纷协调制度等，实际上可以视为一整套产权制度安排的形成。从这套产权制度安排来看，中国水资源产权安排整体上属于国有水权制度，这成为中央政府在流域间调配水资源的依据。由于大多数流域不涉及跨区域调水问题，流域内水资源的国有水权等同于流域水权，为流域上下游全体人口共同拥有，在大的江河流域一般设有专门的流域管理机构来管理。由于上下游对流域水权的争夺日益激烈，对流域各地区用水权利做出界定在很多流域成为必要，水资源的宏观调配制度实际上就是将流域水权分割为区域水权。在地方行政区域内，由于地方政府不仅是水权权属的管理者，而且也是区域内水公共事务的提供者，地方政府直接行使一部分区域水权，提供城市供水和乡村灌溉，另一部分用水权则通过发放许可证的形式赋予取水户，这就是取水许可制度，这种制度实质上是把一部分区域水权分割为集体水权。这里所说的流域水权、区域水权和集体水权，并不是完整意义上的产权，排他性较弱，只具有一定的使用权和收益权，且不具有转让权。这些不同形式的共有水权，其界定、维护和转移都是基于行政手段的，流域上下游水事冲突仍主要依赖于上级行政协调；取水许可制度赋予的集体水权，被纳入计划用水管理，其使用不具有长期稳定性；而水权的转让都是通过行政命令被指令划拨。改革开放 30 多年的水管理制度演变，中国目前已经形成了一套基于行政手段的共有水权制度，虽然十几年来实施的一系列管理制度使水权的排他性有所提高，但是水权的外部性还较高，水权行使效率还较低，“水权模糊”现象还很严重。水权模糊在一定的历史条件下是一种合理的经济现象，主要是由于清晰界定水权的成本较高，采用模糊水权的方法可以节约排他性成本。行政手段正是宏观环境下成本节约的现实制度选择，而产权模糊是行政配水制度的基础。当前的水权制度安排是水权模糊带来的内部管理费用和用水效率损失与行政配水所带来的成本节约之间的均衡（王亚华等，2002）。

第四节　水资源的社区管理机制及演变

水资源社区管理更多地关注农业灌溉用水，因此，本部分对农田水利的社区管理进行分析。随着工业化、城镇化进程的加快，越来越多的水资源被配置到非农产业，水资源紧缺的趋势将不可避免。因此，要提高农业综合生产能力，提高单位面积产量，完成国家增产500亿公斤粮食生产能力规划，确保国家粮食安全，就必须加强农业水利建设，特别是要解决末级渠系的建设和管护问题。为此，必须进一步加强农业水利基础设施管护的力度，确保粮食生产对水资源的需求。

一　水资源利用设施管护组织主体的演变

农村改革以来，家庭成为农业生产的单元，计划经济时期的乡村集体行动模式随之衰落。在中国农村的制度环境（如土地制度、财政制度、乡村政治结构等）发生深刻变革的背景下，分散的农户难以组织起来对灌溉基础设施进行管理，基层灌溉管理无法组织起有效的集体行动。近年来，中央推行的农田水利工程设施专管与群管相结合模式远未得到大力推广，专管方面“两费”（人员基本支出管理经费和工程维修养护经费）落实不到位，群管方面农民用水组织建设严重滞后。

二　水资源利用设施应用方式的演变

农田水利设施应用方式也发生了变迁，其中一个趋势就是农村灌溉集体使用大水利的合作行为正逐步向农户自组织小水利的个体灌溉行为演化，这是由于从大中型灌溉工程取水的实际成本攀升，导致农户自建小型水利设施遍地开花。一方面有效地保证了农业生产对水资源的需求，但是另一方面，由于小水利缺乏抗灾能力，小型水利与大水利之间有效匹配不到位，也影响了这些水利设施功能的发挥。

三　水资源利用设施管护组织形式的演变

自 20 世纪 90 年代中期以来，在世界银行和国际灌排组织的支持下，开始推行“用水户参与灌溉管理”的改革。参与式灌溉管理是用水户全面参与灌区各类管理，包括灌区田间工程的规划、设计、施工建设监理、融资、运行维护、监测评价等，不仅参与决定工程建设而且还要决定体制设计（组织形式和功能）等管理。用水户参与管理的前提是成立“用水者协会”。该协会与以往群众管水组织的区别在于农民用水者协会具有法人地位，其合法权益受法律保护，不是灌区专管机构的下级或附属组织，与灌区的关系是水的买卖关系，接受灌区专管机构的指导和服务。用水者协会的组建是灌区管理体制改革的一个关键步骤，其组建和运作将直接影响灌区管理和灌溉管理体制改革的程度。农民用水者协会是用水户参与灌溉管理的主要方式，是以某一灌溉区域为范围，由农民自愿组织起来的实行自我服务、民主管理的灌溉用水合作组织，它是经过民主协商、经大多数用水户同意并组建的不以营利为目的的社会团体，是具有法人资格，实行自主经营、独立核算、非营利性的群众性社团组织。简单地说，农民用水者协会是农民自己的组织，在协会内成员地位平等，享有共同权利、责任和义务。农民用水者协会的宗旨是互助合作、自主管理、自我服务。

用水户参与灌溉管理的发展经历了两个阶段。第一阶段为准备阶段。20 世纪 80 年代中期，在世界银行、亚洲开发银行、联合国粮农组织等许多国际组织的指导和推动下，得到了许多发展中国家政府的重视和支持。用水户参与灌溉管理成为许多国际会议的重要议题。1989 年，世界银行组织了一次灌溉排水国际研讨会，会上有很多人提出要加快推进用水户参与灌溉管理改革。此后，还在泰国、菲律宾等国召开过多次会议，专门讨论这一问题。

第二阶段为有组织的推进阶段。20 世纪 90 年代，世界银行规定，所有使用世界银行贷款的项目都必须组建农民用水者协会，进行参与式管理改革试点。特别是墨西哥的灌区管理体制改革，加快了参与式灌溉管理（PIM）在世界范围的进程。1994 年，世界银行在墨西哥召开了第一届用水户参与灌溉管理国际研讨会。1996 年成立了“用水户参与灌溉管理国际网”（INPIM），作为独立的国际性非政府组织，专门致力于 PIM 在全球范围内的推广，并负责举办相关活动，如出版简讯、举办培训班和研讨会。

中国参与式灌溉管理也得到了快速发展。特别是 2005 年 10 月，水利部、国家发展和改革委员会、民政部共同发布了《关于加强农民用水户协会建设的意见》，强调了加强农民用水者协会建设的重要性，指出田间灌排工程由农民用水者协会管理是灌区管理体制改革的方向。同年，全国 26 个省（市、区）出台了小型农村水利工程产权制度改革实施办法，700 多万处工程实行产权制度改革。根据水利部的统计数据，2004 年全国已成立农民用水者协会 4000 多个，2005 年为 7000 多个，2006 年达到 2 万多个。2009 年，全国成立的农民用水协会累计达到 5 万多家，其中位于大型灌区范围内的有 1.7 万多家。在全国大型灌区中，由协会管理的田间工程控制面积占有效灌溉面积的比例达 40% 以上。

在宏观层面上，农民用水者协会进一步理顺了政府、管理部门与农民三者之间的关系；推动了农业供水管理体制的变革，完善了灌区基层管理体制和运行机制；加强了农田水利设施的管护工作。在微观层面上，农民用水者协会促使了用水户的观念的变化，增强了参与意识，扩大了参与范围，提高了参与程度，增强了用水户的民主管理和民主决策意识，提高了用水管理的透明度；减少了水事纠纷；增强了农户节约用水意识，促进了节约用水；提高了弱势群体灌溉用水的获得性。同时，农民用水者协会还可以落实工程维修管护责任，改善了水利工程维护的状况和渠道质量。

农民用水者协会在运作中存在如下问题。一是农民用水者协会执行委员会成员和用水户代表文化程度低、素质差，对参与式管理的内涵认识和了解还不够，管理能力和水平有待于进一步提高，协会内部还很缺乏有威信、有号召力、有责任心、有能力、具有无私奉献精神的带头人。另外，对高科技、高效益的农业知识和节水灌溉技术无法及时掌握，不能用来指导农村水利工作。二是农民用水者协会运作不规范。主要表现在组建程序不规范、组织形式不严谨和协会职能失位。三是政府对协会的支持不够。由于协会执委会人员本身素质等因素的影响，协会在运行中难免出现这样那样的问题和困难，如不及时给予帮助，可能会导致协会难以运转下去。四是农民用水者协会缺乏正常的运行经费。虽然各地采取了各种措施，扶持协会能力建设，但仍有不少协会缺乏正常的运行经费，造成协会运转困难。农民用水者协会受资金的困扰，协会经费和管理人员的报酬无法解决，严重挫伤了他们的积极性，协会工作无法正常开展，从而使协会的职能作用不能充分有效地发挥。

第九章　实现水资源集约利用的经济技术政策建议

“十二五”时期，是加强水利重点薄弱环节建设、加快民生水利发展的关键时期，也是深化水利改革、加强水利管理的攻坚时期。2011年中央一号文件对加快水利改革发展做出了重大部署。因此，各级政府需要根据中央精神和决策部署，紧紧抓住水利改革发展的战略机遇，全面推动水利更好、更快发展。本部分在剖析水资源集约利用中存在的问题的基础上，提出解决这些问题，实现水资源集约利用的政策性建议。

第一节　水资源集约利用中存在的问题

一　水资源短缺与低效率利用并存

事实上，就水资源的禀赋而言，并不存在严重短缺，但是，水资源与人口、耕地分布的不均衡，以及与经济社会发展布局的错位，使得部分地区陷入极度缺水的境地。与此同时，当前可供开发利用的水资源数量已经相当有限，而且现有水资源还日益受到水污染的威胁，气候变化和人类活动对区域水循环的影响也进一步增加了未来中国水资源数量的不确定性。毫无疑问，缺水是未来社会经济发展乃至人民生活都面临的一个严重问题。可是，部分地区在缺水的同时，仍然存在严重的浪费现象。中国单位 GDP 用水量大约是世界平均水平的 4 倍，是国际先进水平的 5～10 倍。农业灌溉用水有效利用系数大约为 0.45～0.50，远低于发达国家 0.7～0.8 的水平。尽管如此，这些数据也从另外一个方面表明中国存在巨大的节水潜力。

二　水资源集约利用重工程技术措施轻管理技术

为了提高水资源利用效率，从 20 世纪 60 年代起，中国就开始进行节水灌溉技术的实验、研究和推广；70 年代，渠道防渗、平整土地、大畦改小畦等节水措施已大面积应用；80 年代，低压管道输水技术得以重点推广，喷灌、滴灌、微喷灌和渗灌等现代节水灌溉技术在较大范围内得到了示范；90 年代，中国农业干旱缺水状况日益严峻，但是各地节水灌溉意识不断提高、技术设备不断更新、推广范围不断扩大。2009 年，全国节水灌溉面积达到 2575.5 万公顷，占当年灌溉面积的 39.52%。

节水灌溉技术在农业节水方面发挥的作用还十分微弱。既然目前已有大量成熟的水资源集约利用技术，为什么这些技术没有得到广泛应用？从技术层面看，主要是由于偏重于工程技术措施的开发和引进，而对这些技术的应用方面没有给予足够的重视。主要表现在：其一，由于配套措施不完善，已有的节水技术不能够被实践所采用；其二，技术的研发和实践的需求相脱节，研发出来的技术并不是实践所需求的，实践所需求的技术却得不到供给；其三，即使有些技术与实践需求相吻合，但是由于管理措施缺失，难以发挥应有的效果。

从政府产业政策的选择来看，由于政府主要从城市和工业获取利益，因此，更易于把水利投入的重点放在效益较高的城市防洪与大江大河工程上，对产出效益相对较低的农田水利建设投入偏少，更谈不上进行有效管理。对基层政府而言，由于绩效导向以及资金限制，更不可能在农田水利建设方面进行投资。有时可能会出现将上级支持农田水利建设的资金挪作他用的现象。

从农田水利设施建设与管护模式来看，农田水利设施从劳动密集型升级为资金密集型、技术密集型之后，管护效果却有所下降。20世纪60～70年代，农闲季节，大部分的农村劳动力都被动员起来修建、维护农田水利设施。但自从80年代农村改革之后，特别是“两工”取消之后，农田水利设施的管护工作日益弱化，从而导致了农田水利设施的毁损以及效用的下降。

三　水资源集约利用管理中重供给管理、轻需求管理

长期以来，中国在水资源管理中一直采用的是“以需定供”的“供水管理”模式，片面追求经济效益，强调需水要求，不考虑或较少考虑水资源承载力和供水能力方面的各种因素，从而导致用水需求缺乏节制，水资源的过度开发利用和社会性的水资源浪费。南水北调工程可以看作这种模式的典型代表，这里并不是反对南水北调工程，因为从长远来看，南水北调工程对于缓解北方地区缺水问题是有好处的。但是，这种供水模式存在的弊端也是显而易见的，除了成本高，对工程区域的生态环境造成巨大威胁以外，也不利于北方地区水资源集约利用机制的建立。众所周知，水资源短缺本身就会诱发出用水者很多的节约用水行为，由于这些行为是用水者基于外界环境变化而做出的理性选择，因而成本较低而且受到的抵制也较少。

四　水资源集约利用重行政指令、轻市场激励

由于水资源自身的特征，通过行政指令调节水资源的配置在水资

源利用中得到了最普遍的应用。水资源流动性、循环性、不可分割性等自然属性使其具有明显的公共产品特征，这就为政府的介入提供了最合理的理由。可是这种方式因为效率低、成本高遭到了来自实践的质疑。从国外的实践来看，水资源利用也经过了完全依赖行政命令到向市场手段转型的过程，国外已经发展出了许多通过市场调节水资源利用的方式，美国西部地区的水权交易、智利和墨西哥的水权实践都展现出了勃勃生机。在计划经济时代，水资源一直采用计划经济的手段配置，权属模糊，责、权、利没有得到规范与界定，水的使用只能通过行政审批来解决。虽然几经改革，水资源管理已经越来越集中，但由职能交叉而演变成的职能分割、职能争执问题仍然很严重，另外，由于以往水价制度已不能适应经济发展的需要，其作用已不足以协调水资源的合理开发利用，导致了水资源的无序和过度开发，使有限的水资源更加短缺。因此，改革水资源行政指令性为主导的管理体制，建立适应社会主义市场经济体制的水资源管理体制，重视市场手段在水资源管理中的应用是当务之急。

五　水资源集约利用对来自基层的创新关注依然不够

王金霞等（2005）的研究结果表明，改革开放30多年来，以河北省为代表的地下水灌溉系统的产权制度创新呈现明显的变化：其一,各种产权制度的地下水灌溉系统并存；其二,集体产权制度的地下水灌溉系统逐渐被非集体产权制度的地下水灌溉系统所代替；其三,在集体产权制度下的地下水灌溉系统中，混合产权制度逐渐替代纯集体产权制度；其四，在非集体产权制度下的地下水灌溉系统中，股份制产权制度始终处于优势地位，个体产权制度发展迅速。地下水灌溉系统的这种来自基层的制度创新大大提高了水资源的集约利用效率。对于农村的这种制度创新，政府开始采取的是控制的态度，担心这种制度创新可能带来的一系列风险；随着时间的推移，政府的态度开始发生了转变，由控制变成了漠视或者是默认，任由这种创新自生自灭但是不给予支持。直至目前，政府的态度又有了新的变化，在很多地区对这种制度创新给予支持和鼓励。可是，总体来看，这种支持和创新无论是从深度，还是从广度上来看，都是不足的。

六　农田水利设施资金投入不足

据水利部统计数据，1980～2008年农田水利投入占水利基本建设的比重平均只有6%，政府对末级渠系和田间工程等小型农田水利建设投入明显不足。国家对于干、支渠以下的农田水利建设投入历来很少，而农民由于个人收入低、农业比较效益低等原因，缺乏投入能力和积极性。2009年，农户水利投资15.4亿元，仅占全国农村水利工程固定资产投资的3.12%。另外，农村土地家庭承包责任制在一定程度上也影响了水利设施建设。因此，农田水利建设“最后一公里”梗阻问题成为影响水利工程效益的主要原因。同时，农村取消“两工”之后的投入缺口问题没有得到有效解决。全国人大常委会农田水利建设专题调研结果表明，全国平均每年减少农田水利基本建设投工投劳约75亿个工日。由于农村青壮年劳动力常年外出打工等原因，现行的农村“一事一议”筹资筹劳的办法未能发挥预期作用，农田水利建设的投资缺口没有从政策上予以解决。此外，由于一些地方财政困难，以往地方配套资金并未完全落实。这些都是造成农田水利建设投入不足的重要原因。

在水资源集约利用社区管理中，以农民用水者协会为主要形式的社区管理组织在运行中最突出的问题是经费难以得到保证。由于农民用水者协会管理的末级渠系状况差，如完全按照“谁受益，谁负担”的原则，协会仅靠收取的费用对工程进行简单的除障、清淤维修，解决不了根本问题，从而使农民对协会失去信心，甚至导致协会难以运转下去，从而失去存在的意义。因此，农民用水者协会的运行必须要有可靠的资金保障。

七　水资源集约利用设施（特别是农田水利设施）管护严重滞后

改革开放以来，农村的管理体制和经营机制发生了深刻的变化，但对集体经济时期已有的小型农田水利工程如何管理和使用，对国家、集体和受益农户三者之间责任和权利的划分等，都没有明确的规定，从而导致了农田水利工程建设、管护、使用相脱节，管护主体缺位等诸多问题。

上面多次提到，大部分农田水利设施都建设于20世纪60～70年代，当时技术、资金、物质条件都可能有一定的限制，工程建设标准较低，加上这些设施已经运行了四五十年，开始进入病险多发期，急需除险加固。农田灌溉渠系老化、损毁、失修严重，且没有及时配套，渠道渗漏水现象严重。同时，随着农村社会经济的进一步发展，新农村建设以及统筹城乡发展对农业水利设施提出了更高的要求，农业水利设施的保障能力需要不断提高。因此，农业水利设施管护工作未来需要承担更加艰巨的任务。

农村改革之后，农户成为农业经营的单元，政府把农田水利设施建好之后，交给谁管护，管护的主体和责任并没有落实。农田水利设施到底是有偿使用还是无偿使用，有偿使用的成本费用如何收取，无偿使用的管护费用又如何取得，这些问题进一步导致了农田水利设施，特别是小型农田水利设施有人建无人管、设施使用状态差的情况。再加上大多乡镇一级基本上不再设水管员，大部分村又没有负责农田水利设施管理的人员，导致大多农田水利设施处于“农民管不了，集体管不好，政府管不到”的“三不管”境地。

从国家宏观政策背景看，缺乏化解土地分散经营与农业水利集体受益矛盾的对策。实行家庭承包制后，农户成为土地经营的单元，经营的土地规模都十分有限，而粮食价格低、灌溉成本不断增加，农民投资农田水利建设的积极性不高，维护农田水者利设施赖以发展的农业水费收取难度较大，地方政府发展农田水利的积极性不高等因素，严重制约着农田水利的可持续发展，农田水利基础设施的改善和发展面临严峻挑战。

同时，在农业水利设施不完善的情况下，农业水利设施使用不具排他性，“搭便车”现象普遍存在，农户缺乏进行农业水利设施管护的积极性。农民用水者协会把分散经营的农户组织起来，对于农业水利设施的管护发挥了积极的作用，但是如何更加有效地发挥其作用，还需要政策的扶持。

此外，随着农村劳动力外出务工，农民对农田水利设施的关注程度在弱化。从农民收入来源变化看，由于农村劳动力就业环境和收入结构发生变化，农田水利增收功能弱化，农民参与农田水利设施管护的积极性降低。一是随着农村劳动力的转移，从事农业生产的劳动力比例下降，务工收入在农民总收入中所占比重逐渐提高，农业收入所占比例下降，造成农民参与农田水利建设与管理的动力不足。2000 年，农民人均纯收入为 2253 元，其中，来自家庭经营第一产业的收入占 48.4%。2009 年，农民人均纯收入为 5153 元，其中，来自家庭经营第一产业的收入占 38.6%；农民人均纯收入增加了 2900 元，而第一产业收入所占比例下降了近 10 个百分点。二是由于每个农户承包经营的土地规模有限，难以形成规模效应，客观上也限制了农户投资农田水利工程，加之水利投资相对于其他投入来说，数量也较大，并且农户投资农田水利工程的受益也不高，因此更多的农民选择“靠天吃饭”，靠外出务工增加收入，原有工程逐渐废弃。

八　水资源集约利用中人才队伍建设不足

从中国地方水利部门技术工人结构看，2009 年，55.86 万技术工人中，无等级的 12.83 万人，占 22.97%；初级工 10.20 万人，占 18.25%；中级工 15.96 万人，占 28.57%；技师 2.29 万人，占 4.11%；高级技师 741 人，占 0.13%。从农村劳动力的文化状况看，平均每百个劳动力中不识字的 5.9 人，小学文化程度的 24.7 人，初中文化程度的 52.7 人，高中文化程度以上的 16.7 人。在外出劳动力中，素质较高的年轻人占很大的比例。2008 年，在外出劳动力中，初中文化程度和高中文化程度的比例分别达 67.7% 和 15.8%，分别比全部劳动力中相应文化程度的比例高 17.6 个百分点和 1.2 个百分点。留在农村从事农业生产的人员文化素质相对较低。两者共同影响的结果是，农业水利设施管理所需要的智力资源不足。

水利工作是一项投资大、技术要求高、专业性强、注重社会效益的工作，从水资源的开发、利用、节约、保护、配置、防治各个方面，到水利工程规划设计、施工建设、经营管理各个环节，都需要有一支强有力的人才队伍作为保障和支撑。2011 年中央一号文件的出台以及中央水利工作会议的召开，对未来水利工作提出了更高的要求，也对水利人才提出了更高的要求。水利要发展，人才是关键。纵观对基层水利人才的调查及分析结果，水利人才队伍还存在一些问题，主要表现为如下几个方面。

首先，专业技术人才队伍结构不合理。新《水法》规定，水行政主管部门负责水资源的统一管理和监督工作。从中可以发现构成水行政组织需要的四种人才类型：党政人才、水利专业技术人才、水资源监管人才和水利产业经营人才。党政人才是党领导水利工作的组织保证；水利专业技术人才是开展水资源工作的基础；水资源监管人才是确保水安全的监督者和执行者；水利产业经营人才的职能是如何发挥现有水利工程国有资产社会效益、经济效益和环境效益的最大化。

总体上看，一些县市水利局专业技术力量十分薄弱，年龄结构、学历结构、专业结构、职称结构呈现严重的偏态分布。此外，有的县市统计在册的水利专业人员中，有的没有接受过水利专业学历教育，有的长期没有从事专业技术工作，难以在业务上发挥作用。

目前，一些县市水利人才队伍总量明显不足，这在黑龙江省比较突出，一个人要承担几个人的工作。更多的县市则表现出人多人少的特点，所谓人多，就是总人数很多。所谓人少，就是懂技术的专业人才少，他们承担很繁重的任务时，要加班加点地、超强度、超体力地工作才能完成，一些人员由于工作强度的超负荷，累倒、累病是常有的事。

从基层水利部门提供的数据看，职称结构中高、中级比例也比较大，但也存在能力与职称不相符合的问题。

基层水利人才队伍普遍存在年龄结构老化问题。目前，基层水利队伍的骨干力量均是1990年前后水利学校、水利专科学校毕业的，在水利战线工作了20多年之后，具有丰富的经验，在单位都是挑大梁的人。从年龄上来看，大都在45岁左右。5～8年之后，这部分人将会内退离开基层水利队伍，人员断层现象将日益严重。

其次，乡镇水利机构不健全、管理体制不顺。在2003年的乡镇“七站八所”事业单位改革中，大部分县市将水利站撤销，合并到农业综合服务中心，重新核编定员，一般只配1～2名原水利员，且主要围绕计划生育、驻村挂点等乡镇中心工作，不能集中精力干水利。造成懂水利的人去从事维稳、计划生育等工作，从事水利工作的人员可能是一个对水利工作一窍不通的人。有的县市，在“农业综合服务站”也挂出了水利站的牌子，但实质上与没有这个牌子是一样的。基层水利员“不务正业”，严重背离了基层水利站的职能，制约了农村水利、水保事业的发展。

此外，由于收入低、生活差，基层水利队伍目前很不稳定，有专业、有特长、有能力和年轻的水利职工留不住，很多乡镇水利站已经名存实亡。

再次，工资待遇低。基层水利人才工资待遇差别很大，以高级工程师为例，工资待遇省内存在一定的差距，省际差距更大。在黑龙江省的某县，高级工程师每月的工资只有2400元左右，而在经济较为发达的山东省某县，高级工程师每月工资达到了4000多元。无论如何，事业编制的人员中至少可以每月领到工资，对于那些在基层从事一线工作的同志，事业编制企业化管理人员，工资待遇就更差了。在黑龙江几个县调研时发现，一些灌区人员的工资完全依靠水费的收缴。在最近几年中，水费收缴难度越来越大，因为农民可以享受国家一系列的惠农政策，这也成为拒缴水费的理由。即使水费收缴标准远远低于工程供水成本，依然只能最多收到70%～75%，有的灌区只能收到40%。正因为如此，一个灌区人员离婚率达到了13%，严重地影响了水利管理队伍。

最后，人才流动难。由于编制等原因，人才流动困难，形成一个编制定终身的状况。专业技术较强的科室需要专业技术人员管理，而局属事业单位的专业技术人员受编制、身份限制，系统内专业技术人才的良性互动和有效补充难以实现。

第二节　鼓励水资源集约利用的经济技术政策

一　制定水资源可持续利用的国家战略

（一）将水资源利用与保护上升为一项基本国策

2012年1月12日，国务院以国发〔2012〕3号文件发布了《国务院关于实行最严格水资源管理制度的意见》（以下简称《意见》），这是继2011年中央一号文件和中央水利工作会议明确要求实行最严格水资源管理制度以来，对实行该制度做出的全面部署和具体安排。《意见》明确了主要目标：确立水资源开发利用控制红线，到2030年全国用水总量控制在7000亿立方米以内；确立用水效率控制红线，到2030年用水效率达到或接近世界先进水平，万元工业增加值用水量（以2000年不变价计）降低到40立方米以下，农田灌溉水有效利用系数提高到0.6以上；确立水功能区限制纳污红线，到2030年主要污染物入河湖总量控制在水功能区纳污能力范围之内，水功能区水质达标率提高到95%以上。

根据上述《意见》，我国政府从国家生态安全的战略高度，将水资源利用与保护上升到国家的一项基本国策，制定了详细的水资源可持续利用的国家战略，使水资源利用与管理的方针政策具有长期性与稳定性，确保实现国家粮食安全、经济社会发展、人民福祉提高对水资源的需求。

（二）充分利用“两个市场”“两种资源”

随着城镇化、工业化进程的加快，人民生活水平的提高，水资源需求在中长期内会呈现增加态势，势必影响到农业生产以及生态环境用水，进而影响到粮食生产。

粮食安全是国家十分重视的重大问题，因此，确保粮食安全是一项长期的战略任务。《国家粮食安全中长期规划纲要（2008～2020年）》提出，粮食自给率稳定在95%以上，其中，稻谷、小麦保持自给，玉米保持基本自给。畜禽产品、水产品等重要品种基本自给。我们虽然有能力做到，但可能会带来水资源的掠夺性使用和生态环境的严重破坏，通过牺牲长远的水资源和环境为代价来实现目前的粮食安全不是一种可持续发展的模式。

但在经济全球化背景下，完全自给自足或依赖他人都是不可取的。要充分利用国内外两个市场、两种资源，把确保国家粮食安全与推进农业结构战略性调整、调整农产品国际贸易结构、实施可持续发展战略等长期目标结合起来。在国内不同区域，根据水资源禀赋条件，调整产业布局；在国际市场上，采取虚拟水贸易战略，积极地、渐近地、适度地开展粮食贸易，充分利用富水国家的水资源来缓解我国的水资源短缺问题。

二　完善水资源集约利用的经济措施

完善水资源集约利用的经济措施，主要包括水价体系的完善、水权以及水市场的建立等。

（一）建立健全与市场经济体制相适应的水价形成机制

明确水资源的商品性，是建立合理水价形成机制的前提。合理水价形成机制的建立是一个系统工程，除了核心的制度设计，还需要有相关的配套制度。从中国的国情出发，合理的水价制度构成因素应该包括经济核算、法制管理、用户监督、需求预测、价格调整和政策性补贴等。为此，需要建立起科学可行的核算体系，该核算体系应该具有合理可靠而且可灵活应对各种情况的核算内容，同时，还能充分反映出与水资源使用有关的责、权、利以及一系列相关因素等。

在制定水价的决策过程中，不同利益相关者需要共同参与，民主协商，增加水价制定的透明度，在考虑供水者成本的同时，给予用水户的承受能力充分的考虑，确保水价制定的公平性。

对农业灌溉水价而言，需要从两个方面进行改革。一是提高农业灌溉水价达到供水成本，以补偿供水单位的运行维护费用。二是从国家层面制定灌溉用水补贴惠农政策，确保农业生产对水资源的需求，提高农民种粮的积极性。

（二）建立水权和水市场制度

水权制度建设的基本思路应该是，以水权交易为突破口，通过完善水权交易制度来推动整个水权体制的建设。只有通过交易，水权的经济价值才能得到体现，从而清晰界定水权，强化保护水权的激励机制。

首先，完成水权体系的初始化。从水权持有者来看，可以有国家层面、区域层面、社团层面、用水户层面四个层面。在水资源稀缺的情况下，同一层次的决策实体之间需要进行权利分割。随着水资源稀缺范围的逐渐扩大，决策实体之间需要界定水资源，最先是用户层面，然后扩展到区域层面，最终到全流域各个层面。因此，需要在三个层次上分配水权：中央到地方层次，地方到社团层次，社团到用户层次。水权的初始界定的目的在于明确农户对水资源使用的权利，而且这些权利将能够转变为现实的经济利益，政府不能随意地剥夺农户的这种权利。如果农户的用水权利没有得到明确，其结果将是农户的利益得不到保护[①]，那么水权交易的可持续性也就难以保证。

其次，构建双层次的水权交易平台。水资源由于流动性强、水量波动性大，供给和需求之间常常会有很大的时空差距，通过构建水权交易平台，可以大大降低交易成本。因此，可以考虑在省区和流域两个层次上构建水权交易平台。在省区层次，各省区水利厅可分别建立一个省区内的水权交易平台；在流域层次，建立一个全流域的水权交易平台。这样可以有利于实现跨时空的水权交易。

最后，建立有利于水权交易的管理体制。以灌区为例，灌区管理机构被界定为“水池”，其作用在于购买水权使用证和村或者用水协

---

① 在内蒙古杭锦灌区和火电厂水权转换的案例中，就发生了农户意愿遭到忽视的情形。根据水利部的《指导意见》，水权转换必须在明确初始水权的前提下进行。内蒙古水利厅水权转让的实施意见也指出，水权的出让方应已取得经政府确认的初始水权，并具有法人资格。在目前体制下，满足条件的单位只能是内蒙古黄河工程管理局和鄂尔多斯黄河南岸灌溉管理局。按照自治区水利部门的理解，取水许可管理就是水权管理的具体体现，水权的合法转让单位也只能是工程管理单位，而不可能是某一个或几个老百姓。尽管当地百姓是取水权事实上的使用者，他们却自始至终没有参与谈判。

会一级的节余水量，在此基础上代表灌区交易集中的结余水量。也就是说，灌区管理结构可以说是用水户的经纪人，通过帮助用水户交易水权收取佣金。灌区管理机构可以在水权交易收益中提取管理费，用水者协会的常设人员（理事长或者会长）由用水者协会成员选举产生，并由灌区管理委员会正式任命，定期改选；其工资来源于水权交易收益或用水者协会上缴的费用。在灌区用水决策过程中有代表农户利益的、经过民主选举产生的人员参与是保证灌区内水政清明，最大限度发挥水资源社会经济功能的制度保障，也是确保水权交易制度平稳发展的关键环节。

此外，还要结合不同区域的情况，解决好小型农田水利设施的产权属性问题，以便更好地发挥其功能。

三　完善水资源集约利用管理机制

（一）构建新时期农田水利的管理体制

根据中国目前农田水利设施建设及管护中出现的问题，以及农田水利设施面临的新形势、新任务和新情况，按照2011年中央一号文件精神，加快构建新时期农田水利的建设体制和管理机制。对于田间小型水利设施建设，应根据中国农村劳动力大量长期外出务工，不可能再依赖农民投工投劳的形式来开展小型农田水利建设的实际情况，进一步明确各级政府对田间小型水利建设的扶持政策，加大投入力度。

按照“谁投资、谁受益、谁所有”的原则，推进农田水利设施产权制度改革，明确农田水利设施的所有权，落实管护责任主体。对小型农田水利设施而言，以农户自用为主的小、微型工程应归农户个人所有；对受益户较多的小型工程，可按受益范围组建用水合作组织，相关设施归用水合作组织所有；政府补助形成的资产，归项目受益主体所有。与此同时，允许小型农田水利设施以承包、租赁、拍卖等形式进行产权流转，吸引社会资金投入。国家应出台相关政策，以明确相关人员的权利与义务。

农田水利设施管护制度改革包括两个方面的内容。一是推进小型水利工程产权制度改革，放手搞活民营水利，吸引民间投入。引入市场运作机制，实现“民用、民建、民营、民管”的全社会办水利的局面。通过产权置换、体制变革，实现小型水利工程民营化，充分调动个体或民营经济实体开展农田水利建设。采取承包、租赁、拍卖、股份合作等形式，通过经营权、收益权的转让换取对农业、农民提供用水服务。二是明晰管理主体。明确管理主体是小型农田水利良性运行的组织保障，管理主体缺位与能力不足是目前存在的突出问题。因此，今后政府应当通过产权、补助、补偿等多种方式，大力扶持用水合作组织，逐步落实小型农田水利的管理主体。

（二）规范农田水利设施管护组织

根据中国农田水利设施，特别是小型农田水利设施管护状况，需要进一步扶持以农民用水户协会为主的农民用水合作组织建设，调动农民群众用水、管水和加强水利设施管护的积极性。同时，加强公益性的基层水利管理机构和技术服务组织建设，按照国务院《关于水利工程管理体制改革实施意见》（国办发〔2002〕45 号）的规定给予资金支持，提高其服务农田水利建设的能力。

现阶段农田水利工作的外部环境已发生重大改变，传统的组织模式已不能适应形势要求。因此，一要明确农民用水合作组织是用水单位和农户自愿组织、自主经营、民主管理、利益共享、风险共担的管水用水组织，是非营利性的社会团体，依法取得社团法人资格，具备作为项目法人的条件。二要明确农民用水合作组织主要承担小型水利工程和大中型灌区末级渠系的建设与管理工作职能。三要建立稳定的经费保障机制。各级财政设立专项补助资金对农民用水者协会予以扶持，其他运行经费纳入用水户终端水价统一核算，确保其正常运转。

政府在改革过程中要正确定位，既不能“越俎代庖”，直接以行政力量建设和管理协会，也不能“甩手不管”，对灌溉事务完全一放了之。政府要为农户参与用水管理提供更明确的配套法规和政策，为农民用水者协会的发展创造良好的制度环境。同时，通过培训和宣传等多种形式，提高农民素质和民主意识，提高农民用水者协会的自主管理能力。

（三）探索农业水利设施管护的新模式

加快建立和培育适应农村新形势的农田水利设施管护的新体制、新机制，田间以上农田水利工程的建设管理与工程管护要纳入财政预算，由专业队伍管护，完善管护机制、强化激励机制；田间以下农田水利的管理、使用和维护应主要依靠农民，形成以农民自愿出资出劳为主体的农田水利建设管护新模式。要按照自愿和民主的原则，鼓励和引导农民自愿组织起来，互助合作，承担直接受益的农田水利工程的管理和维护责任，调动农民管护的积极性。

建立正常的农田水利设施的管护工作费用、维修费用、使用费用的来源机制。政府根据农田水利设施的状况、服务的范围等制定详细的管护制度、资金保障政策，用规章制度来促进体制机制的完善和水利设施的正常运转。农田水利设施的管护可以参照农村公路养护方面的体制机制，由政府和农民专业合作社共同负责。

四　建立农田水利设施投入的新机制

2011年中央一号文件明确提出了“从土地出让金中提取10%用于农田水利建设”。按照中央与地方事权划分原则，地方各级政府应切实承担起农田水利建设的主要责任，把农田水利建设资金纳入投资和财政预算，并逐步达到适度规模。

要进一步、多方加大对小型农用水利建设的投入，加快解决“最后一公里”梗阻问题，充分发挥工程整体效益。要明确中央和地方财政在农田水利建设中的职责范围，切实加强组织领导，确保投入和项目落实到位。进一步明确农田水利建设长期性、公益性的特点和定位，逐步建立对农田水利建设投入的稳定增长机制。

在确保财政投入资金增加的同时，可通过部分产权制度改革引入商业模式，吸引社会投资和民间资本，鼓励和引导金融机构支持和服务农田水利建设。

运行维护经费是小型农田水利工程良性运行的重要保障，运行维护经费不足是中国小型农田水利工程破损不堪和效益衰减的重要原因。因此，建议按照国务院《水利工程管理体制改革实施意见》（国办发〔2002〕45 号）及相关政策的规定，积极宣传发动，引导农民自觉参与农村水利建设，逐步建立“农民自愿参与、村组自行组织、政府协调服务”的筹资筹劳新机制。

五　建立水资源集约利用的技术保障体系

（一）抗旱节水要满足农业结构调整的现实需要

在中国南方地区，如云南、贵州，工程性缺水问题非常突出，造成了严重的干旱。因此，需要采取有效措施，加强水源工程建设，提高抗旱能力。节水灌溉是农业结构调整的先导，发展节水灌溉是加快农业结构调整，实现农业现代化的必然要求。要围绕农业结构调整搞好节水灌溉发展规划，且节水灌溉规划必须要考虑农业结构调整的方向。哪个地方要发展特色农业，哪个地方要发展创汇农业，哪个地方要发展适销对路的经济作物，就要在哪个地方布置节水灌溉设施。只有这样，农业结构调整才能有更大的回旋余地。

（二）注重节水农业的发展

农业是用水的主要产业，也是水资源集约利用需要关注的主要产业，为此，大力发展节水农业，要做好如下几个方面的工作。

首先，明确节水的重点区域。需要同时考虑发展灌区和旱区节水农业，无论是旱区还是灌区，节水的重点都应该放在田间，通过工程技术、农艺等多种措施，减少无效蒸发，提高水资源的利用率和利用效率。

其次，注重不同区域的技术开发。对于干旱区而言，为适应区域气候特点，应强化旱作农业品种与技术的深度研发。一是加大抗旱品种的研发力度。二是对现有的旱作农业技术进行集成。在旱作农业区域有很多成熟的技术，如全膜双垄沟播技术、保护性耕作技术、测土配方施肥为主的科学施肥技术、以肥调水技术、节水灌溉技术等，需要将这些技术集成。三是不断创新和完善旱作农业的技术路线，既顺应天时和作物的生长规律，建立避灾型种植制度，着力发展可控农业，同时，不断试验、示范和总结推广旱作农业的先进适用技术。

再次，大力推广节水农业技术。一是调整农业产业结构，建设节水型高效农业产业结构。压缩高耗水作物的播种面积，扩大优良的抗旱品种的播种面积。二是积极引导农民采取工程措施、管理措施、农艺措施和生物措施相结合的高效节水农业配套技术。

最后，建立发展节水农业的长效机制。节水农业的发展需要广大农民的积极参与，因此，需要把“外生性”变为“内生性”，充分调动农民的积极性，让其在节水农业中获得实实在在的利益，在市场条件下让节水变成自觉的行动。为此，在考虑农民承受能力的基础上，制定有利于节水的水价政策；充分认识节水农业的公益性，对节水农业的发展进行适当的补贴，鼓励发展节水农业。

（三）抓好以节水为中心的水田标准化建设

首先是抓好大中型灌区的续建配套和更新改造。大中型灌区发展的关键是“两改一提高”，即推动以用水户参与管理为主要内容的体制改革，加快以续建配套和节水技术改造为主要内容的灌区改造，最终的目的是提高水的利用效率。这将是推动大中型灌区步入良性发展的方向，是今后大型灌区乃至整个农村水利工作的重点。其次是实施田水林路综合治理，使水田标准化建设上档次。

（四）建立稳定水利人才队伍的长效机制

从目前情况看，国家投入大量资金进行农田水利设施建设，需要有一支具有水利技术的队伍进行管护，以便发挥这些设施预期的效益。为此，一方面采取通过“送出去”或者“请进来”的方式对现有职工进行专业技术培训，提高他们的自身能力建设，以便更好地发挥他们的作用；另一方面，制定优惠的政策吸引水利相关专业的高校毕业生，以实现水利部门自身的可持续发展，为农田水利建设提供技术保障。

2012年中央一号文件指出，加快农业人才培育尤其是农村实用人才培养，包括现代农民培训，着力解决“将来谁来种地”的问题。重点是加强农村实用人才队伍建设，加快培养新型职业农民、农业服务人员和农村社会管理人员。

随着农田水利设施建设力度的不断加大，农田水利工程的管护工作将日益艰巨。为此，需要懂水利专业技术的管护队伍，仅仅依靠水利系统人才队伍进行管护是不现实的，需要培训一批农村管水员。为此，充分发挥地方职业中专的作用，根据区域水利发展的需要，设置水利工程相关的专业课程，对愿意留在农村从事农业生产活动，并且对水利管护具有一定积极性的初、高中毕业生进行培训。

（五）实施污水再生利用技术

实施污水再生利用，要充分满足水质标准的要求，在技术标准规范的指导下，对各种先进、经济、适用的技术进行技术综合与集成，采用适宜的技术路线和工艺方案，以满足所设定的水质水量再生与资源化目标。目前污水处理及再生仍缺乏系统完善的政策和标准体系，特别是不同用水对象的政策规定、不同用水要求的水质标准，要尽快研究建立各类用途再生水的水质标准体系，逐步制定和完善相关技术规范和配套政策，确保健康有序地推进城市污水再生利用工作。

六　加强水利人才队伍建设

（一）创新机制，加强现有人才队伍能力建设

首先，加强水利人才的培训。针对不同区域水利建设和管理实际，采取不同的措施对水利人才进行培训。可以采取短期培训进修、研修班，以及研究生学历和非学历教育等各种形式，加大人才定向培养工作力度，促进水利人才的快速成长。在技术培训中，要着重加强基层水利技术人才的培养。

其次，加强对专业技术人才的业务考核。逐步建立起符合水利事业发展需要的专业技术人才考核评价机制，明确各类专业技术人才的岗位评价标准，完善以岗位责任目标为主要内容的考核办法，为专业技术人才的岗位聘任提供依据。

最后，建立吸引专业技术人才的激励机制。探索和创新水利技术人才收入分配制度，逐步形成工资报酬与贡献挂钩的分配激励机制，从收入分配制度上体现各种人才所做出的贡献。

基层水利单位结合当地水利事业发展的需求和特点，以打造实用型科技人才为重点，加大对本科以上学历水利专业及相关专业人才的引进力度，积极组织水利专业技术人员到一线锻炼，加强专业技能培训，提高运用先进实用技术的水平和能力。

（二）完善制度，引进专业技术人才

首先，适当增加人员编制。目前，大部分县市的事业单位普遍存在人员编制短缺的现象，这是基层水利部门人才断层的一个重要原因。建议上级部门根据水利工作管护的实际情况，适当增加一些编制。但仅仅增加编制也不能从根本上解决人才短缺问题。因为基层水利部门没有人事决定权，增加编制之后，地方政府领导可能会利用权力之便，安排非水利专业人员进入。另外，水利专业毕业的大学本科生也不一定到这些单位去工作。同时，还需要严把人才进口关。

其次，事业编制招考机制需要改革。目前，“逢进必考”成为基层水利事业单位引进人才的唯一途径。但很多县市因为编制问题没有进行。为了引进需要的水利人才，需要对此机制进行改革，一是适当降低门槛，学历可以降低到专科文凭，除了统一考试之外，可以加考一门专业技能；专科毕业生经过2～3年的基层工作，可以成为本行业的骨干。二是岗位设置与报考人数比例去掉。1∶3的比例的出发点是为了增加竞争、择优录取，事实上是报考人数不足，取消岗位，哪里还有什么竞争。三是由于历史原因，在一些基层水利管理部门还有一些长期临时工，这些人从事水利工作多年，具有丰富的实践经验，专业技术非常熟练，但没有文凭。在招考时建议适当考虑这部分人。

最后，优化水利人员结构，提高人员素质。完善用人机制。在资格准入的前提下，采取竞争上岗、择优录用的原则，通过公开考核、招聘录用等有效措施，引进农村水利人才，尤其是要重点引进吸收水利专业技术人员和专业对口的大中专毕业生，逐步淘汰低素质、非专业人员，充实专业技术力量。

七　大力推进节水型社会建设

（一）节水型社会是全社会参与水资源集约利用管理的最佳模式

节水型社会是水资源集约高效利用、经济社会快速发展、人与自然和谐相处的社会。建设节水型社会的核心是正确处理人和水的关系，通过水资源的高效利用、合理配置和有效保护，实现区域经济社会和生态的可持续发展。节水型社会的根本标志是人与自然和谐相处，它体现了人类发展的现代理念，代表着高度的社会文明，也是现代化的重要标志。节水型社会包含三重相互联系的特征：效率、效益和可持续。效率的含义是降低单位实物产出的水资源消耗量，效益是提高单位水资源消耗的价值量，可持续是水资源利用不以牺牲生态环境为代价。

（二）注重产业节水的同时，加强水质的保护

针对中国用水水平低和节水潜力大的实际，要结合工业技术改造和产业产品升级，提高工业用水水平，减少用水量，提高水资源的重复利用率；要在城镇建设中，积极推广节水器具和设备，开展节水型工业、节水型农业和节水型社会的创建活动。

同时，要加强对水质的保护，强化水环境的监督管理。重点保护好与人民生活密切相关的饮用水源，依法划定生活饮用水源保护区并严格管理。加强流域机构水污染防治工作和排污口管理，对污染排放物实行总量控制。制定合理的排污收费体系和水资源更新经济补偿办法。要巩固淮河、太湖水污染治理的成绩，加强监管，下决心关闭一批污染严重的小造纸、小制革等“十五小”企业，加强流域等生态综合治理，搞好水土保持。

（三）建设节水型社会的途径

落实和强化宏观上的总量控制。对全国范围内的任何一个水域的可利用水资源，要根据水资源承载能力，首先分配和确保生态用水，其余水量作为生产和生活用水。

根据总量约束制定发展战略和调整经济布局，真正实现量水而行，以水定发展，要在新的水资源条件下重新审视发展战略。根据经济学的分工原理，各地区应根据各自的资源禀赋选择发展有比较优势的产业，通过产业分工和相互交易能够实现各地区的共同繁荣。一个流域或地区根据资源禀赋进行产业选择和调整，不仅不会降低经济社会发展，反而能够实现更高层次上的可持续发展。张掖的经验表明，“结构调整是建设节水型社会的根本措施”。由于结构调整需要一个过程，在调整发展战略逐步落实总量控制的“阵痛期”，地方需要得到上级或中央政府在技术、经济和政治方面的支持。

将总量指标逐级向下分配，明确各用水单元的权利和义务。根据区域内人口、耕地、牲畜以及其他产业的发展状况，将每个区域内的

生活和生产用水总量指标建立起定额管理指标体系，进行水权细化分配，将用水指标逐级分配，明确各级水权，公民和单位用水只能在分配到的水权范围内用水。

建设计量和监控等支撑水权制度运行的硬件基础设施。水权的分配、实施和流转需要依托一套基础设施体系，最重要的是计量设施、监测设施和实时调度系统，这些设施是实现水资源集约利用的硬件基础。建立节水型社会是大规模的制度建设，但同时需要建设相应的工程设施作为基础。

参考文献

1. 曹建廷、李原园：《虚拟水及其对解决中国水资源短缺问题的启示》，《科技导报》2004年第3期。
2. 曹琦、陈兴鹏、师满江：《基于DPSIR概念的城市水资源安全评价及调控》，《资源科学》2012年第8期。
3. 柴成果、姚党生：《黄河流域水环境现状与水资源可持续利用》，《人民黄河》2005年第3期。
4. 常宝军、刘毓香：《"一提一补"制度节水效果研究》，《中国水利》2010年第7期。
5. 陈爱侠、于法稳：《陕西省水资源利用与农业可持续发展》，《西北林学院学报》2005年第5期。
6. 陈东景：《我国工农业水资源使用强度变动的区域因素分解与差异分析》，《自然资源学报》2012年第2期。
7. 陈霁巍：《黄河治理与水资源开发利用》，黄河水利出版社，1998。
8. 陈雷：《抓住世纪之交的良好发展机遇　做好跨世纪的农村水利工作》，《中国农村水利水电》2000年第2期。
9. 陈丽新、孙才志：《中国农产品虚拟水流动格局的形成机理与维持机制研究》，《中国软科学》2010 年第 11 期。
10. 陈素景、孙根年、韩亚芬等：《中国省际经济发展与水资源利用效率分析》，《统计与决策》2007 年第 22 期。
11. 陈宜瑜、王毅力、李利锋等：《中国流域综合管理战略研究》，科学出版社，2007。
12. 陈志恺：《西北地区水资源配置生态环境建设和可持续发展战略研究——水资源卷》，科学出版社，2004。
13. 程国栋：《虚拟水—中国水资源安全战略的新思路》，《中国科学院院刊》2003 年第 4 期。
14. 池营营、杨伟：《中国水资源分配的基尼系数分析》，《陕西水利》2011 年第 2 期。
15. 邓红兵、刘天星、熊晓波等：《基于生产函数的中国水资源利用效率探讨》，《利水电科技进展》2010 年第 5 期。
16. 方创琳：《区域可持续发展与水资源优化配置研究——以西北干旱区柴达木盆地为例》，《自然资源学报》2001 年第 4 期。
17. 封志明、李飞、刘爱民等：《农业资源高效利用研究中的若干问题》，《资源科学》1998 年第 5 期。
18. 冯宝平、张展羽、贾仁辅：《区域水资源可持续利用机理分析》，《水利学报》2006 年第 1 期。
19. 冯嘉：《中国水资源论证制度存在的主要问题及完善的思路》，《资源科学》2012 年第 5 期。
20. 冯尚友：《水资源可持续利用与管理导论》，科学出版社，2000。
21. 傅晨：《水权交易的产权经济学分析》，《中国农村经济》2002 年第 10 期。
22. 傅春：《面向可持续发展的水资源产权管理理论》，武汉大学博士学位论文，1999。
23. 高明、李亚民：《价格调节与自然资源集约利用——以水资源为例》,《资源与产业》2006 年第 1 期。

24. 高明、刘淑荣、蔺丽莉:《自然资源集约利用的技术创新与政府激励》,《国土与自然资源研究》2005 年第 4 期。

25. 高明、刘淑荣:《格调节与水资源集约利用》,《农业现代化研究》2006 年第 1 期。

26. 高明、刘淑荣:《自然资源集约利用技术创新的动力机制》,《华中农业大学学报》(社会科学版)2005 年第 1 期。

27. 高明:《农业节水灌溉技术应用的经济分析》,中国农业大学博士学位论文,2004。

28. 高媛媛、王红瑞、许新宜等:《水资源安全评价模型构建与应用——以福建省泉州市为例》,《自然资源学报》2012 年第 2 期。

29. 葛颜祥:《河流水权和黄河取水市场研究》,河海大学博士学位论文,2002。

30. 郭善民、王荣:《农业水价政策作用的效果分析》,《农业经济问题》2004 年第 7 期。

31. 韩洪云、赵连阁:《中国灌溉农业发展——问题与挑战》,《水利经济》2004 年第 1 期。

32. 韩青:《农业节水灌溉技术应用的经济分析》,中国农业大学博士学位论文,2004。

33. 何艳梅:《国际河流水资源公平和合理利用的模式与新发展:实证分析、比较与借鉴》,《资源科学》2012 年第 2 期。

34. 贺晓英、贺缠生:《“水资源域”概念及其在水资源管理中的应用》,《资源科学》2012 年第 10 期。

35. 胡继连、张维、葛颜祥、周玉玺:《我国的水权市场构建问题研究》,《山东社会科学》2002 年第 2 期。

36. 胡振鹏、傅春、王先甲:《水资源产权配置与管理》,科学出版社,2003。

37. 贾绍凤、张士锋、杨红等:《工业用水与经济发展的关系——用水库茨涅兹曲线》,《自然资源学报》2004 年第 3 期。

38. 姜东晖、胡继连:《农用水资源需求管理的技术经济原理与机制》,《山东农业大学学报》(社会科学版) 2007 年第 4 期,。

39. 姜巍、张雷:《资源短缺与中国资源节约发展方向探讨》,《地理科学进展》2005 年第 4 期。

40. 姜文来、唐曲、雷波等:《水资源管理学导论》,化学工业出版社,2005。

41. 金霞、黄季焜、Scott Rozelle:《地下水灌溉系统产权制度的创新及流域水资源核算》,中国水利水电出版社,2005。

42. 靳乐山、左文娟、李玉新等:《水源地生态补偿标准估算》,《中国人口资源与环境》2012 年第 2 期。

43. 柯兵、柳文华、段光明等:《虚拟水在解决农业生产和粮食安全问题中的作用研究》,《环境科学》2004 年第 2 期。

44. 孔祥斌、张凤荣、齐伟等:《集约化农区土地利用变化对水资源的影响——以河北省曲周县为例》,《自然资源学报》2004 年第 6 期。

45. 来晨霏、田贵良:《中国二元经济中水资源流转模式研究》,《中国人口资源与环境》2012 年第 8 期。

46. 雷玉桃:《流域水资源管理制度研究》,华中农业大学博士学位论文,2004。

47. 李方一、刘卫东、刘红光:《区域间虚拟水贸易模型及其在山西省的应用》,《资源科学》2012 年第 5 期。

48. 李晶、宋守度、姜斌等:《权与水价——国外经验研究与中国改革方向探讨》,中国发展出版社,2003。

49. 李世祥、成金华、吴巧生:《中国水资源利用效率区域差异分析》,《中国人口·资源与环境》2008 年第 3 期。

50. 李薇、宋国君、杨靖然：《中国取水许可制度和水资源费政策分析》，《水资源保护》2011 年第 4 期页。

51. 李文、于法稳：《中国西部地区农业用水绩效影响因素分析》，《开发研究》2008 年第 6 期。

52. 李西民、李士国：《关于发展黄河产业经济问题的思考》，《人民黄河》1998 年第 9 期。

53. 李曦：《中国西北地区农业水资源可持续利用对策研究》，华中农业大学博士学位论文，2003。

54. 李周、包晓斌、于法稳等：《化解西北地区水资源短缺的对策研究》，《中国农村观察》2003 年第 3 期。

55. 李周、宋宗水、包晓斌等：《化解西北地区水资源短缺研究》，中国水利水电出版社，2004。

56. 李周、于法稳：《西部地区农业可持续性评价》，《中国农村经济》2006 年第 10 期。

57. 刘爱民、封志明、李飞：《农业资源利用模式间的转换及案例分析》，《自然资源学报》1998 年第 3 期。

58. 刘昌明、何希吾等：《中国 21 世纪水问题方略》，科学出版社，1998。

59. 刘昌明：《中国西部大开发中有关水资源的若干问题》，《中国水利》2000 年第 8 期。

60. 刘红梅、李国军、王克强：《中国农业虚拟水国际贸易影响因素研究——基于引力模型的分析》，《管理世界》2010 年第 9 期。

61. 刘佳骏、董锁成、李泽红：《中国水资源承载力综合评价研究》，《自然资源学报》2011 年第 2 期。

62. 刘建国、陈文江、徐中民：《干旱区流域水制度绩效及影响因素分析》，《中国人口·资源与环境》2012 年第 10 期。

63. 刘梅、许新宜、王红瑞等：《基于虚拟水理论的河北省水足迹时空差异性分析》，《自然资源学报》2012 年第 6 期。

64. 刘强、何伟才、宋伟：《农业节水激励机制及其措施——以沈阳市东陵区为例》，《安徽农业科学》2006 年第 11 期。
65. 刘晓霞、解建仓：《山西省用水结构与产业结构变动关系》，《系统工程》2011 年第 29 期。
66. 刘亚克、王金霞、李玉敏等：《农业节水技术的采用及影响因素》，《自然资源学报》2011 年第 6 期。
67. 刘彦随、甘红、张富刚：《中国东北地区农业水土资源匹配格局》，《地理学报》2005 年第 8 期。
68. 刘彦随、吴传钧：《中国水土资源态势与可持续食物安全》，《自然资源学报》2002 年第 3 期。
69. 刘毅、贾若祥、侯晓丽：《中国区域水资源可持续利用评价及类型划分》，《环境科学》2005 年第 1 期。
70. 刘渝、张俊飚：《中国水资源生态安全与粮食安全状态评价》，《资源科学》2010 年第 12 期。
71. 刘玉龙、路宁、李梅：《水资源利用压力下的政策选择——生态补偿机制》，《中国水利》2008 年第 6 期。
72. 刘愿英、代世伟、范永贵等：《我国灌区农业水资源可持续利用问题探讨》，《干旱地区农业研究》2007 年第 6 期。
73. 刘作新：《试论东北地区农业节水与农业水资源可持续利用》，《应用生态学报》2004 年第 10 期。
74. 柳长顺、陈献、刘昌明等：《虚拟水交易：解决中国水资源短缺与粮食安全的一种选择》，《资源科学》2005 年第 2 期。
75. 龙爱华、徐中民、张志强：《虚拟水理论方法与西北 4 省（区）虚拟水实证研究》，《地球科学进展》2004 年第 4 期。
76. 娄成后：《提高农业水土资源的时空利用率，保障新世纪的粮食自给》，《科技导报》1999 年第 1 期。

77. 路宁、周海光：《中国城市经济与水资源利用压力的关系研究》，《中国人口·资源与环境》2010年第5期。
78. 罗柳红：《生态工业园区水资源梯级利用的博弈分析》，《中国人口·资源与环境》2011年第8期。
79. 罗其友、唐华俊、姜文来：《农业水土资源高效持续配置战略》，《资源科学》2001年第2期。
80. 马超、许长新、田贵良：《农产品贸易中虚拟水流的驱动因素研究》，《中国人口资源与环境》2012年第1期。
81. 马海良、黄德春、张继国等：《中国近年来水资源利用效率的省际差异：技术进步还是技术效率》，《资源科学》2012年第5期。
82. 马静、汪党献、A. Y. Hoekstra等：《虚拟水贸易在中国粮食安全问题中的应用》，《水科学进展》2006年第1期。
83. 毛显强、钟瑜：《面向市场经济的中国水资源可持续利用策略》，《中国人口·资源与环境》2002年第2期。
84. 孟浩、白杨、黄宇驰等：《水源地生态补偿机制研究进展》，《中国人口资源与环境》2012年第10期。
85. 闵庆文、成升魁：《全球化背景下的中国水资源安全与对策》，《资源科学》2002年第4期。
86. 南彩艳、粟晓玲：《基于改进SPA的关中地区水土资源承载力综合评价》，《自然资源学报》2012年第1期。
87. 潘丹、应瑞瑶：《中国水资源与农业经济增长关系研究》，《中国人口资源与环境》2012年第1期。
88. 潘文俊、曹文志、王飞飞等：《基于水足迹理论的九龙江流域水资源评价》，《资源科学》2012年第10期。
89. 戚瑞、耿涌、朱庆华：《基于水足迹理论的区域水资源利用评价》，《自然资源学报》2011年第3期。
90. 钱正英：《西北地区水资源配置生态环境建设和可持续发展战略

研究——战略卷》，科学出版社，2004。

91. 钱正英：《中国水资源战略研究中几个问题的认识》，《河海大学学报》2001年第3期。

92. 秦丽杰、邱红、陶国芳：《粮食贸易与水资源安全》，《世界地理研究》2006年第1期。

93. 阮本清、梁瑞驹、王浩等：《流域水资源管理》，科学出版社，2001。

94. 沈振荣、贺伟程：《中国农业用水的评价、存在问题及解决途径》，《自然资源学报》1996年第3期。

95. 石玉林、封志明：《开展农业资源高效利用研究》，《自然资源学报》1997年第4期。

96. 石玉林、卢良恕：《中国农业需水与节水高效农业建设》，中国水利水电出版社，2001。

97. 孙爱军、方先明：《中国省际水资源利用效率的空间分布格局及决定因素》，《中国人口·资源与环境》2010年第5期。

98. 孙才志、刘玉玉、张蕾：《中国农产品虚拟水与资源环境经济要素的时空匹配分析》，《资源科学》2010年第3期。

99. 孙才志、谢巍：《中国产业用水变化驱动效应测度及空间分异》，《经济地理》2011年第4期。

100. 谭融、于志勇、刘萍：《中国农村水资源利用状况分析》，《学习论坛》2006年第12期。

101. 王家庭、赵亮：《中国城市的资源集约效率及其影响因素研究》，《中国人口·资源与环境》2009年第5期。

102. 王金霞、黄季焜、Scott Rozelle：《地下水灌溉系统产权制度的创新与理论的解释——小型水利工程的实证研究》，《经济研究》2000年第4期。

103. 王金霞、黄季焜、张丽娟等：《北方地区农民对水资源短缺的反应》，《水利经济》2008 年第 5 期。

104. 王文国、何明雄、潘科等：《四川省水资源生态足迹与生态承载力的时空分析》，《自然资源学报》2011 年第 9 期。

105. 王亚华、胡鞍钢、张棣生：《我国水权制度的变迁——新制度经济学对东阳－义乌水权交易的考察》，《经济研究参考》2002 年第 20 期。

106. 王亚华：《中国水价、水权和水市场改革的评论》，《中国人口·资源与环境》2007 年第 5 期。

107. 王瑗、盛连喜、李科等：《中国水资源现状分析与可持续发展对策研究》，《水资源与水工程学报》2008 年第 3 期。

108. 魏后凯：《中国区域经济发展的水资源保障能力研究》，《中州学刊》2005 年第 2 期。

109. 吴宇哲、鲍海君：《区域基尼系数及其在区域水土资源匹配分析中的应用》，《水土保持学报》2003 年第 5 期。

110. 肖国兴：《论中国自然资源产权制度的历史变迁》，《管理世界》2004 年第 4 期。

111. 谢琼、王红瑞、柳长顺等：《城市化快速进程中河道利用与管理存在的问题及对策》，《资源科学》2012 年第 3 期。

112. 徐中民、龙爱华、张志强：《虚拟水的理论方法及在甘肃省的应用》，《地理学报》2003 年第 6 期。

113. 许朗、黄莺：《农业灌溉用水效率及其影响因素分析——基于安徽省蒙城县的实地调查》，《资源科学》2012 年第 1 期。

114. 姚华荣、吴绍洪、曹明明等：《区域水土资源的空间优化配置》，《资源科学》2004 年第 1 期。

115. 于法稳、李来胜：《西北地区农业资源利用的效率分析及政策建议》，《中国人口·资源与环境》2005 年第 6 期。

116. 于法稳：《区域农业生产要素匹配状况研究——以甘肃省为例》，

《开发研究》2008 年第 4 期。

117. 于法稳：《水资源与农业可持续发展研究》，重庆大学出版社，2000。

118. 于法稳：《西北地区农业水资源可持续利用的对策研究》，载西部地区水资源问题及其对策高层研讨会论文集，新华出版社，2006。

119. 于法稳：《粮食国际贸易对区域水资源可持续利用的影响研究》，《中国农村观察》2010 年第 4 期。

120. 于法稳：《中国粮食生产与灌溉用水脱钩关系分析》，《中国农村经济》2008 年第 10 期。

121. 虞祎、张晖、胡浩：《基于水足迹理论的中国畜牧业水资源承载力研究》，《资源科学》2012 年第 3 期。

122. 袁正、闵庆文、焦雯珺等：《城乡居民食物消费的水生态占用分析——以太湖流域上游常州市为例》，《资源科学》2012 年第 1 期。

123. 岳立、赵海涛：《环境约束下的中国工业用水效率研究——基于中国 13 个典型工业省区 2003 ~ 2009 年数据》，《资源科学》2011 年第 11 期。

124. 翟远征、王金生、郑洁琼等：《北京市近 30 年用水结构演变及驱动力》，《自然资源学报》2011 年 4 期。

125. 张敦强：《虚拟水：缓解我国水资源短缺的新途径》，《中国水利》2004 年第 8 期。

126. 张吉辉、李健、唐燕：《中国水资源与经济发展要素的时空匹配分析》，《资源科学》2012 年第 8 期。

127. 张俊飚：《中国西部地区水资源利用与农业可持续发展》，《新疆农垦经济》2000 年第 6 期。

128. 张文国、杨志峰、伊锋等：《区域经济发展模式与水资源可持续利用研究》,《中国软科学》2002年第9期。

129. 张晓涛、于法稳:《黄河流域经济发展与水资源匹配状况分析》,《中国人口·资源与环境》2012年第10期。

130. 张雪松、郝芳华、杨帅英:《我国流域水资源管理问题与对策》,《水利发展研究》2003年第4期,第20~21页。

131. 张志强、程国栋:《虚拟水贸易与水资源安全新战略》,《科技导报》2004年第3期。

132. 张志霞、秦昌波、贾仰文等:《缺水地区水资源经济价值的异同辨析》,《中国人口·资源与环境》2012年第10期。

133. 赵秉栋、赵庆良、焦士兴等:《黄河流域水资源可持续利用研究》,《水土保持研究》2003年第4期。

134. 赵雪雁、路慧玲、刘霜等:《甘南黄河水源补给区生态补偿农户参与意愿分析》,《中国人口·资源与环境》2012年第4期。

135. 中国水利编辑部:《水价改革势在必行》,《中国水利》1998年第1期。

136. 朱启荣:《中国工业用水效率与节水潜力实证研究》,《工业技术经济》2007年第9期。

137. A. K. Chapagain, S. Orr. 2009. An Improved Water Footprint Methodology Linking Global Consumption to Local Water Resources: A Case of Spanish Tomatoes. *Journal of Environmental Management*, 90: 1219-1228.

138. A. Y. Hoekstra, P. Q. Hung. 2005. Globalisation of Water Resources: International Virtual Water Flows in Relation to Crop Trade. *Global Environmental Change*, 15: 45-56.

139. Allan JA. 1994. Overall Perspectives on Countriesand Regions. In: Rogers P, Lydon P. WaterintheArabworld: *Perspectives and Prognoses*. Massachusetts: Harvard University press, 65-100.

140. Andrew Stern. 2003. Storage Capacity and Water Use in the 21 Water-resource Regions of the United States Geological Survey. *International Journal of Production Economics*, 81 - 82: 1 - 12.

141. Ariel Dinar, David Zilberman. 1991. The Economics of Resource-Conservation, Pollution-Reduction Technology Selection , The Case of Irrigation Water. *Resources and Energy*, 13: 323 - 348.

142. Bruce Lankford, Thomas Beale. 2007. Equilibrium and Non-equilibrium Theories of Sustainable Water Resources Management: Dynamic River Basin and Irrigation Behaviour in Tanzania. *Global Environmental Change*, 17: 168 - 180.

143. Dabo Guan, Klaus Hubacek. 2007. Assessment of Regional Trade and Virtual Water Flows in China. *Ecological Economics*, 61: 159 - 170.

144. David Pearce. 1987. Valuing Natural Resources and the Implications for Land and Water Management. *Resources Policy*, 9: 255 - 264.

145. Diana Gwendoline Day. 1987. Australian Natural Resources Policy: Water and Land. *Resources Policy*, 9: 228 - 246.

146. Dimitrios A. Giannias, Joseph N. Lekakis. 1997. Policy Analysis for an Amicable, Efficient and Sustainable Inter-country Fresh Water Resource Allocation. *Ecological Economics*, 21: 231 - 242.

147. Eduardo Eiji Maeda, Petri K. E. Pellikka, Barnaby J. F. Clark et al. 2011. Prospective Changes in Irrigation Water Requirements Caused by Agricultural Expansion and Climate Changes in the Eastern Arc Mountains of Kenya. *Journal of Environmental Management*, 92: 982 - 993.

148. Eneko Garmendia, Petr Marielc, Ibon Tamayod et al. 2009. Assessing the Effect of Alternative Land Uses in the Provision of Water

Resources: Evidence and Policy Implications from Southern Europe. *Environmental Science & Policy*, 12: 799 - 809.

149. Fabio Fiorilloa, Antonio Palestrinib, Paolo Polidoric et al. 2007. Modelling Water Policies with SustainabilityConstraints: A Dynamic Accounting Analysis. *Ecological Economics*, S63: 392 - 402.

150. Glenn-Marie Lange, Eric Mungatana, Rashid Hassan. 2007. Water Accounting for the Orange River Basin: An Economic Perspective on Managing a Transboundary Resource. *Ecological Economics*, 660 - 670.

151. Howard Wheater, Edward Evans. 2009. Land Use, Water Management and Future Flood Risk. *Land Use Policy*, 26: S251 - S264.

152. Hu J. L, Wang Sh. Ch. Ye F. Y. 2006. Total-factor Water Efficiency of Regions in China. *Resources Policy*, 31: 217 - 230.

153. Jay Zarnikau. 1994. Spot Market Pricing of Water Resources and Efficient Means of Rationing Water during Scarcity (water pricing). *Resource and Energy Economics*, 16: 189 - 210.

154. Jeremy Allouche. 2011. The Sustainability and Resilience of Global Water and Food Systems: Political Analysis of the Interplay between Security, Resource Scarcity, Political Systems and Global Trade. *Food Policy*, 36: S3 - S8.

155. Kamal Alsharif, Ehsan H. Feroz, Andrew Klemer et al. 2008. Governance of Water Supply Systems in the Palestinian Territories: A Data Envelopment Analysis Approach to the Management of Water Resources. *Journal of Environmental Management*, 87: 80 - 94.

156. Kenneth, 2001 G. R. Kenneth, Keeping track of decoupling, OECD Observer, 11.

157. Lester R. Brown. 1995. *Who Will Feed China? Wake-Up Call for Small Planet*. New York: W. W. Norton and Company.

158. Mark W. Rosegrant and Hans P. Binswanger. 1994. Markets in Tradable Water Rights: Potential for Efficiency Gains in Developing Country Water Resource Allocation. *World Development*, 11: 1613 - 1625.

159. Michael Vardona, Manfred Lenzenb, Stuart Peevora, et al. 2007. Water Accounting in Australia. *Ecological Economics*, 61: 650 - 659.

160. Nigel W. Arnell. 2004. Climate Change and Global Water Resources: SRES Emissions and Socio-economic Scenarios. *Global Environmental Change*, 14: 31 - 52.

161. Nir B. 1995. Value Moving from Central Planning to Market System: Lessons from the Israeli Water Sector. *Agricultural Economics*, 12: 11 - 21.

162. OECD. 2003. Environmental Indicators-development, *Measurement and Use*. Paris: OECD.

163. OECD. 2001. *Decoupling: a conceptual overview*. Paris: OCED.

164. OECD. 2002. *Indicators to Measure Decoupling of Environmental Pressures for Economic Growth*. Paris: OECD.

165. Petros Gikas, George Tchobanoglous. 2009. The Role of Satellite and Decentralized Strategies in Water Resources Management. *Journal of Environmental Management*, 90: 144 - 152.

166. Robert R. Heame, Easter K. W. 1995. *Water Allocation and Water Markets: an Analysis of Gains from Trade in Chile. World Bank Technical Paper*. Washington D. C. : World Bank, 315.

167. Robert R. Heame, Easter K. W. 1995. The Economic and Financial Gains from Water Markets in Chile. *Agricultural Economics*, 15: 187 -

199.

168. Sawaya K, Olmanson L, Heinert N et al. Extending satellite remote sensing to local scale: land and water resources monitoring using high revolution imagery. *Remote Sensing of Environment*, 2003, (88): 144 - 156.

169. Schofer and Hironaka, E. Schofer and A. Hironaka. 2001. *Decoupling and "Recoupling": International Pressures and National Environmental Protection*, OECD Observer, 10.

170. Slobodan P. Simonovic. 2002. World Water Dynamics: Global Modeling of Water Resources. *Journal of Environmental Management*, 66: 249 - 267.

171. T. J. Centner, J. E. Houston, A. G. Keeler et al. 1999. The Adoption of Best Management Practices to Reduce Agricultural Water Contamination. *Limnologica*, 29: 366 - 373.

172. Vaux H. J, Howittre. 1984. Managing Water Scarcity: An Evaluation of Interregional Transfers. *Water Resources Research*, 20: 785 - 792.

173. Xu Y Q, Mo X G, Cai Y L. Analysis on groundwater table drawdown by land use and the quest for sustainable use in the Hebei Plain in China. *Agricultural Water Management*, 2005, (75): 38 - 53.

后　记

本书是国家社科基金项目“鼓励自然资源集约利用的经济技术政策研究——以水资源为例”（项目批准号05BJY039）的最终成果。

根据课题的设计要求，课题组进行了大量的调研工作。中国社会科学院农村发展研究所副研究员廖永松博士、杨东升博士，中国社会科学院研究生院的博士研究生王建宇、硕士生滕超，中央民族大学硕士研究生周文超、曲筝，北京林业大学的于莎莎参加了课题调研工作。他们在调研过程中的敬业精神令人感动。在此对他们表示衷心的感谢！

在课题调研过程中，得到了山东省日照市水务局、山东省莒县水务局、山东省广饶县水务局、山东省鄄城县水务局、山东省东明县水务局、黑龙江省林甸县水务局、黑龙江省肇源县水务局、黑龙江省肇东市水务局、四川省宜宾市水务局、四川省长宁县水务局、四川省江安县水务局、湖北省恩施州水利水产局、湖北省利川市水利局、湖北省宣恩县水利局、湖北省南漳县水利局的大力支持，他们为课题组提供了丰富的基础资料，并组织了卓有成效的座谈会及农户调查，在此向他们表示衷心的感谢！

在课题研究和本书撰写过程中，中国社会科学院农村发展研究所副研究员廖永松博士、国家发展与改革委员会宏观经济研究院副研究员李军博士提出了大量有益的建议和宝贵意见，并给予了大力的技术支持和热情帮助，特此向他们深表谢意！

中国社会科学院城市发展与环境研究所博士研究生裴雪姣、中国社会科学院研究生院博士研究生张哲、中央民族大学硕士研究生杨骁整理了调研资料，并为本书的出版付出了大量劳动，也向他们表示衷心的感谢！

要特别感谢5位匿名评审专家为项目的研究报告提出的宝贵意见；感谢国家社科基金对本项目的资助；感谢中国社会科学院创新工程对本书出版的资助。

社会科学文献出版社的王莉莉女士为本书的出版付出了辛苦劳动，在此表示感谢。

于法稳

2013 年 3 月 18 日

图书在版编目(CIP)数据

水资源集约利用的经济技术政策研究/于法稳，张海鹏，李伟著.
—北京：社会科学文献出版社，2013.5
ISBN 978-7-5097-4400-0

Ⅰ.①水… Ⅱ.①于… ②张… ③李… Ⅲ.①水资源利用-经济政策-研究-中国 ②水资源利用-技术政策-研究-中国
Ⅳ.①TV213.9

中国版本图书馆 CIP 数据核字（2013）第 050949 号

水资源集约利用的经济技术政策研究

著　　者／于法稳　张海鹏　李　伟

出 版 人／谢寿光
出 版 者／社会科学文献出版社
地　　址／北京市西城区北三环中路甲 29 号院 3 号楼华龙大厦
邮政编码／100029

责任部门／经济与管理出版中心（010）59367226
责任编辑／林　尧　王莉莉
电子信箱／caijingbu@ssap.cn
责任校对／白桂芹
项目统筹／恽　薇　王莉莉
责任印制／岳　阳
经　　销／社会科学文献出版社市场营销中心（010）59367081　59367089
读者服务／读者服务中心（010）59367028

印　　装／北京鹏润伟业印刷有限公司
开　　本／787mm×1092mm　1/16
印　　张／16.25
版　　次／2013 年 5 月第 1 版
字　　数／219 千字
印　　次／2013 年 5 月第 1 次印刷
书　　号／ISBN 978-7-5097-4400-0
定　　价／49.00 元